Franziska Weyer | Katrin Obst

111 Dinge über Pferde, die man wissen muss

111

emons:

Bibliografische Information der Deutschen Nationalbibliothek
Die Deutsche Nationalbibliothek verzeichnet diese Publikation in der Deutschen Nationalbibliografie; detaillierte bibliografische Daten sind im Internet über http://dnb.d-nb.de abrufbar.

FSC
www.fsc.org
MIX
Papier | Fördert gute Waldnutzung
FSC® C083411

Lektorat: Andreas Zinßer
Gestaltung: Eva Kraskes, nach einem Konzept von Lübbeke | Naumann | Thoben
Druck und Bindung: CPI – Clausen & Bosse, Leck
Printed in Germany 2024
ISBN 978-3-7408-1864-7

Vorwort

Die gemeinsame Geschichte von Pferd und Mensch beginnt bereits in der Steinzeit, als verschiedene Urtypen des heutigen *Equus caballus* domestiziert wurden – nur die Frage, welches Volk zuerst entdeckte, dass die großen Tiere nicht nur Lasten ziehen, sondern sogar als Reittier dienen können, ist bis heute nicht ganz geklärt. Allerdings erschienen die ersten Reiter ihren Mitmenschen aufgrund ihrer Größe und ihrer Schnelligkeit vermutlich wie eine neue Menschengattung, und bereits um 800 vor Christus entschieden kampfbereite Reitertruppen über den Ausgang von Schlachten. Bis zur Industrialisierung und zur Mechanisierung der Kriege im 19. Jahrhundert trug das Pferd ganz maßgeblich zur wirtschaftlichen und kulturellen Entwicklung eines Volkes bei, denn es war Transportmittel, zog Lasten, schuftete in der Landwirtschaft, diente militärischen Zwecken und verlieh vielen Herrschern große Macht.

Heute existieren weltweit gut 300 Pferde- und Ponyrassen. Sie alle wurden selektiv unter anderem nach Größe, Farbe, Optik, Anpassungsfähigkeit oder Temperament gezüchtet, um für den Menschen Eleganz, Kraft, Schnelligkeit, aber auch Reichtum und Macht zu verkörpern, ihm zu sportlichen Erfolgen zu verhelfen, als Arbeitstier zu dienen und letztlich auch, um uns »das schönste Hobby dieser Welt« zu ermöglichen. Allein in Deutschland gibt es über vier Millionen Reiterinnen und Reiter. Pferde sind also nicht zuletzt auch ein wichtiger Wirtschaftsfaktor, zudem üben sie seit jeher eine große Faszination auf uns aus.

Frei nach dem Sprichwort »Von den Pferden lernt man am meisten über sich selbst« möchten wir, die wir mit Pferden aufgewachsen sind und mit ihnen arbeiten, hier in 111 kurzen Geschichten diesem Faszinosum etwas auf den Grund gehen und von Pferdesportarten, besonderen Rassen, der Biologie und dem Verhalten des Pferdes, von der Geschichte der Reiterei und vom Alltag mit Pferden erzählen und dabei spannendes, nützliches und kurioses Wissen vermitteln.

111 Dinge über Pferde

1 Abzeichen im Pferdesport

Ausbildungsüberprüfung in Theorie und Praxis

Mit über 50 verschiedenen Abzeichen bietet die Deutsche Reiterliche Vereinigung (FN) inzwischen für alle Altersgruppen, Leistungsklassen, Pferdesportarten und für Turnierreiter genauso wie für das Freizeitreiten eine Vielzahl von Abzeichen an, bei denen theoretisches Wissen rund ums Pferd abgefragt wird und praktische Prüfungen auf verschiedenen Niveaus absolviert werden müssen.

Abgenommen werden diese Prüfungen nach entsprechenden Lehrgängen in der Regel von FN-Richtern in Fach- und Ausbildungsstätten der FN und in über die Landesverbände organisierten, regionalen Reitschulen und -vereinen. Während es früher ganz einfach bronzene, silberne und goldene Abzeichen gab, gibt es inzwischen für die Dressur-, Spring- und Vielseitigkeitsreiter ganze zehn Abzeichen (mit disziplinspezifischen Unterkategorien) zur Erlangung der verschiedenen Leistungsklassen im Turniersport. Die Abzeichen 10 bis 6 sind für Kinder und Reitanfänger gedacht (vormals kleines und großes Hufeisen), die Reitabzeichen 5 für die Teilnahme an Prüfungen E (Einsteiger) und A (Anfänger), die Abzeichen 4 und 3 für die Teilnahme an Prüfungen A und L (Leicht), die Abzeichen 2 qualifizieren bis zu Prüfungen M (Mittel) und die Abzeichen 1 bis zu S-Prüfungen (Schwer). Obwohl die Lerninhalte der Abzeichen aufeinander aufbauen und daher nacheinander erworben werden müssen (ab RA5), wird das goldene Reitabzeichen nach wie vor ausschließlich für eine bestimmte Anzahl von Siegen und Platzierungen in Prüfungen der schweren Klasse verliehen.

Neben diesen, in erster Linie für die Teilnahme am Turniersport gedachten Leistungsüberprüfungen, gibt es eine Vielzahl anderer Abzeichen, wie das Longier-, das Voltigier-, das Bodenarbeits-, das Sport- und die Fahrabzeichen. Des Weiteren gibt es Sachkundenachweise für Pferdehaltung und Führerscheine für den Umgang mit dem Pferd, das Reiten und das Kutschenfahren (privat und gewerblich).

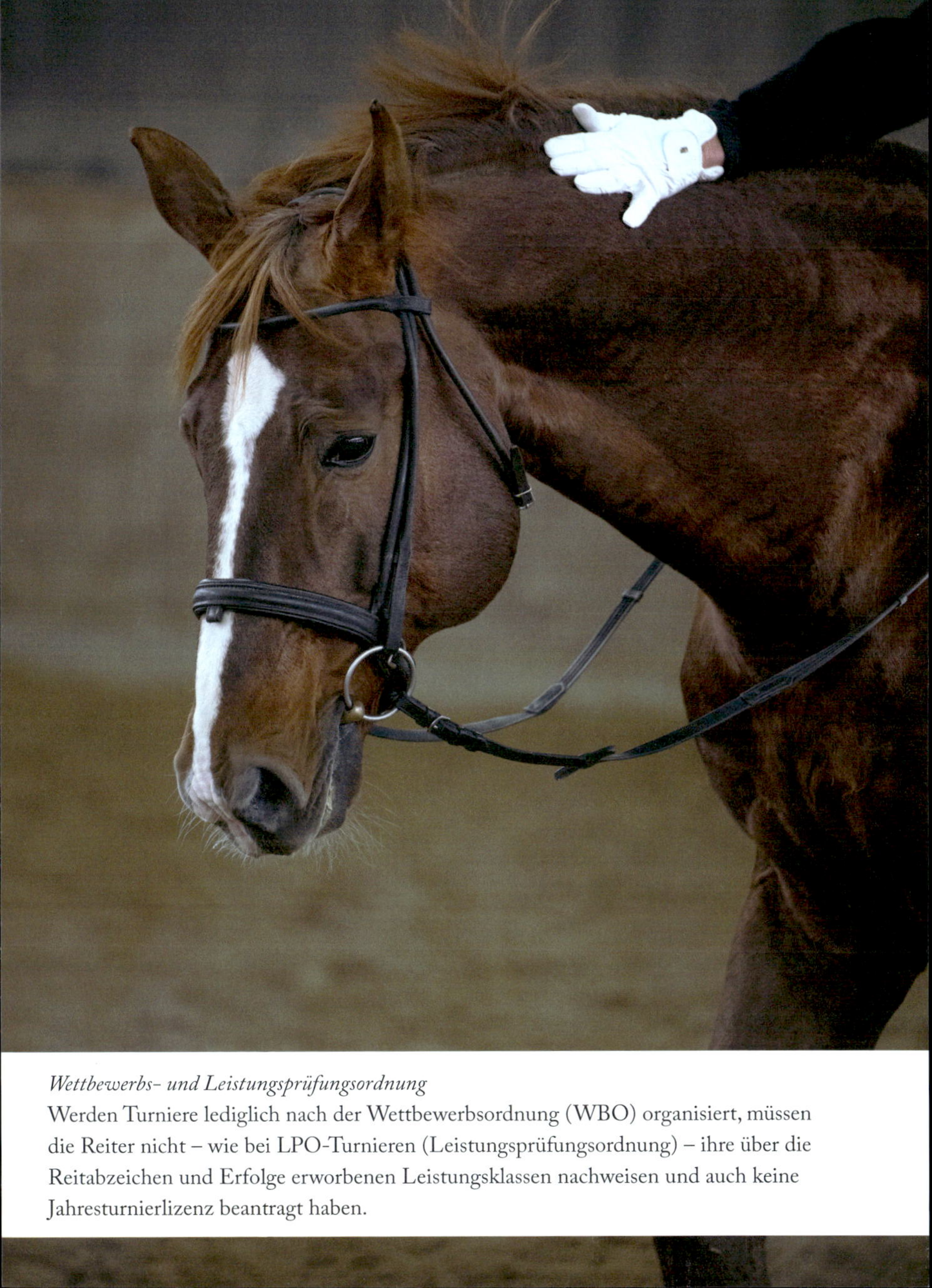

Wettbewerbs- und Leistungsprüfungsordnung

Werden Turniere lediglich nach der Wettbewerbsordnung (WBO) organisiert, müssen die Reiter nicht – wie bei LPO-Turnieren (Leistungsprüfungsordnung) – ihre über die Reitabzeichen und Erfolge erworbenen Leistungsklassen nachweisen und auch keine Jahresturnierlizenz beantragt haben.

2 Der Aktivstall

Ein Bewegungsstall als Pferde-WG

Der Name ist Programm, denn im Gegensatz zum klassischen Offenstall, der einer Pferdegruppe zwar auch sozialen Kontakt, aber ansonsten meist lediglich einen Witterungsschutz und trockene Fressstellen bietet, sollen die Pferde hier wie in der freien Natur, wo sie täglich die längste Zeit mit der Nahrungsaufnahme beschäftigt sind und dafür weite Strecken zurücklegen, aktiv werden und zwischen Liegehalle, Wälzplätzen, verschiedenen strukturierten und befestigten Auslaufflächen, Wassertränken, den Futterautomaten für Rau- und Kraftfutter und gegebenenfalls einer Koppel hin- und herlaufen müssen.

Der Aktivstall ermöglicht eine Gruppenhaltung, bei der sich das Lauftier Pferd rund um die Uhr bewegen kann und gleichzeitig als Herdentier auf seine Kosten kommt. Dank eines Chips, der auf die individuellen Bedürfnisse jedes Pferdes programmiert und der am Halfter getragen oder in die Mähne vernäht wird, kann sich zudem jedes Tier über den Tag verteilt seine Mahlzeiten in vielen kleinen Portionen an den Fütterungsautomaten abholen. Dadurch entfallen lange Futterpausen, was gerade magenempfindlichen Pferden sehr entgegenkommt. Um Stress und Unruhe zu vermeiden, müssen neue WG-Bewohner genauso langsam an die Futterautomaten und Schleusen gewöhnt werden, wie an das Leben in der bereits bestehenden Herde. Bei letzterem spielen natürlich auch das Flächenangebot und die Zusammensetzung und Größe der Herde eine entscheidende Rolle, aber häufig finden schnell Pferdepaare zusammen oder es bilden sich kleine Untergruppen. Studien belegen, dass die Pferde durch das ausgeklügelte Beschäftigungsprogramm deutlich weniger Verhaltensstörungen wie Koppen oder Weben aufweisen und insgesamt viel ausgeglichener sind. Alles in allem gilt ein gut gemanagter Aktivstall als die derzeit pferdegerechteste Haltungsform, auch wenn sie für die Zweibeiner oft mit etwas mehr Zeitaufwand verbunden ist.

Der HIT-Aktivstall
Die Ideen und Pläne für dieses Stallkonzept stammen maßgeblich von dem Agraringenieur Thorsten Hinrichs, der 1998 zunächst seinen eigenen Pferden zu mehr Bewegung und einer artgerechteren Haltung verhelfen wollte und später die Firma HIT-Aktivstall gründete.

3 Akupunktur

Durch Nadeln zu mehr Wohlbefinden

Die Akupunktur beim Pferd ist eine alternative Therapiemethode, die auf der traditionellen chinesischen Medizin basiert. Dabei werden feine Nadeln in bestimmte Punkte am Körper des Pferdes gesetzt, um den Energiefluss zu regulieren und das Gleichgewicht zwischen Yin und Yang wiederherzustellen.

Das Nadeln oder die Akupressur mit dem Finger kann bei verschiedenen gesundheitlichen Problemen eingesetzt werden, wie zum Beispiel bei Muskelverspannungen, Schmerzen oder Atemwegsproblemen. Durch die Stimulation der über 250 Akupunkturpunkte sollen die natürlichen Selbstheilungskräfte aktiviert werden.

Die Anwendung der Akupunktur beim Pferd erfordert eine genaue Kenntnis der Anatomie und der zu piksenden Punkte. Deshalb sollte sie ausschließlich durch gut ausgebildete Therapeuten oder Tierärzte mit Zusatzqualifikation durchgeführt werden.

Die Auswahl der Punkte, die auf den zwölf Meridianen oder Energieleitbahnen liegen, erfolgt nach einer individuellen Untersuchung mit Puls- und Zungendiagnostik. Wie viele Nadeln der Therapeut setzt, ist immer unterschiedlich. Ziel ist es, dass das Qi – die Lebensenergie – wieder gleichmäßig fließen kann.

Die Behandlung wird vom Pferd in der Regel gut toleriert, und es bemerkt den Einstich kaum. Da die Nadeln steril sind und nur einmal benutzt werden, gibt es fast keine Infektionsrisiken. Die Nadeln werden für etwa 15 bis 20 Minuten im Körper belassen, um die gewünschte Wirkung zu erzielen. Häufig sind mehrere Anwendungen notwendig, um eine Verbesserung zu erreichen.

Es ist wichtig zu beachten, dass die Akupunktur keine alleinige Therapiemethode ist, sondern als Ergänzung zur konventionellen Tiermedizin angesehen wird. Trotzdem ist es immer wieder faszinierend, wie gut Tiere auf die Behandlungen der TCM ansprechen und während der Behandlung einschlafen.

Schmerzlose Kur

Der Einstich tut nicht weh, die Nadeln sind hauchfein und silikonbeschichtet.

4 Die alten Meister

Akademisch reiten

Richten Anhänger der akademischen Reitweise ihre Trainingskonzepte nach den Schriften der »alten Meister« aus, beziehen sie sich dabei häufig auf die Werke von Xenophon, Pluvinel, Guérinère, Baucher, Newcastle, Steinbrecht und so weiter. Der griechische Feldherr Xenophon (430 v. Chr. bis 354 v. Chr.) gilt als der Erste, der den gewaltfreien Umgang mit Pferden schriftlich festhielt und damit auch als Begründer der Hippologie. Vor allem seine Schrift *Peri Hippikes* (Über die Reitkunst) wird bis heute zitiert, wenn es um eine pferdefreundliche Dressurausbildung geht.

Als zu Beginn des 16. Jahrhunderts in Italien die ersten Reitakademien entstanden, in denen Reiten geübt, aber auch theoretische Grundlagen gelehrt wurden, begann auch der Markt für Reitlehrer zu boomen. Als Schüler der neapolitanischen Reitschule entwickelt Antoine de la Baume Pluvinel (1555–1620), Reitlehrer von Ludwig XIII., eine gewaltfreie Ausbildungsmethode für das Herausarbeiten der natürlichen Bewegungen der Pferde, für die er als Hilfsmittel die Pilaren erfand. Einer seiner Schüler – William Cavendish Duke of Newcastle – schrieb diese Ausbildungsmethoden fort und auch François Robichon de la Guérinière, Reitmeister des Königs Ludwig XV., bezog sich auf Pluvinel, als er 1733 in seinem Buch *École de Cavalerie* die individuelle und systematische Ausbildung des Pferdes beschrieb, die bis heute als Grundlage für die akademische und klassische Reitkunst gilt.

François Baucher lernte 1810 in Italien reiten, bevor er in Frankreich zwei Reitschulen leitete und 1833 seine erste Reitlehre herausbrachte, die er immer wieder überarbeitete und die bis heute recht umstritten ist. Einer seiner Kritiker war der Reitmeister Gustav Steinbrecht, der mit seinem 1884 erschienenen Buch *Das Gymnasium des Pferdes* als Begründer der deutschen Reitlehre gilt und dessen Werk nicht nur in die »Richtlinien für Reiten und Fahren«, sondern auch in die Ausbildung der Kavalleristen einfloss.

Xenophon e. V.
Die Gesellschaft für Erhalt und Förderung der klassischen Reitkultur orientiert sich nicht nur an den Schriften des Feldherrn Xenophon, sondern vergibt im Turniersport Sonderehrenpreise für pferdegerechtes Abreiten gemäß der klassischen Grundsätze.

5 Die Ankaufsuntersuchung

Augen auf beim Pferdekauf

Eine Ankaufsuntersuchung ist ein wichtiger Schritt beim Kauf eines Pferdes. Bei dieser Untersuchung wird das Pferd von einem Tierarzt gründlich untersucht, um sicherzustellen, dass es gesund und für den beabsichtigten Zweck geeignet ist. Hier sind einige wichtige Punkte, die bei einer Ankaufsuntersuchung beachtet werden sollten:

Der Tierarzt wird das Pferd zunächst allgemein untersuchen, um sicherzustellen, dass es keine offensichtlichen gesundheitlichen Probleme gibt. Dazu gehören die Überprüfung von Herzschlag, Atmung, Temperatur und allgemeinem Zustand des Pferdes. Bei der klinischen AKU werden auch die Augen und die Zähne untersucht. Danach wird das Pferd auf hartem und weichem Untergrund in allen Gangarten bewegt, um mögliche Lahmheiten oder Bewegungsprobleme zu erkennen. Anschließend werden Beugeproben von allen vier Beinen gemacht. Bei dieser wird das Bein über circa eine Minute gebeugt gehalten und das Pferd dann aus dem Stand angetrabt. Je nach Alter und Vorerkrankungen sollte das Pferd nach der Provokationsprobe lahmfrei loslaufen. Tut es das nicht, wird der Tierarzt eine gründlichere Untersuchung der betroffenen Gliedmaßen empfehlen.

Zusätzlich zur klinischen Untersuchung gibt es auch die Möglichkeit, Röntgenbilder von den Knochen anfertigen zu lassen. Viele Kunden beschränken sich dabei auf die Beine, aber auch Halswirbelsäule und Rücken werden häufig geröntgt, um Vorerkrankungen auszuschließen.

Bei sehr teuren Pferden gibt es natürlich noch weitere Untersuchungen, die in Frage kommen, wie zum Beispiel eine Bronchoskopie, ein Ultraschall des Herzens oder der Sehnen. Unter Umständen wird auch Blut für eine Dopingkontrolle entnommen.

Nach Abschluss der Ankaufsuntersuchung wird der Tierarzt dem potenziellen Käufer einen schriftlichen Bericht über den Gesundheitszustand des Pferdes geben. Die Kosten trägt nach Absprache der Käufer oder Verkäufer.

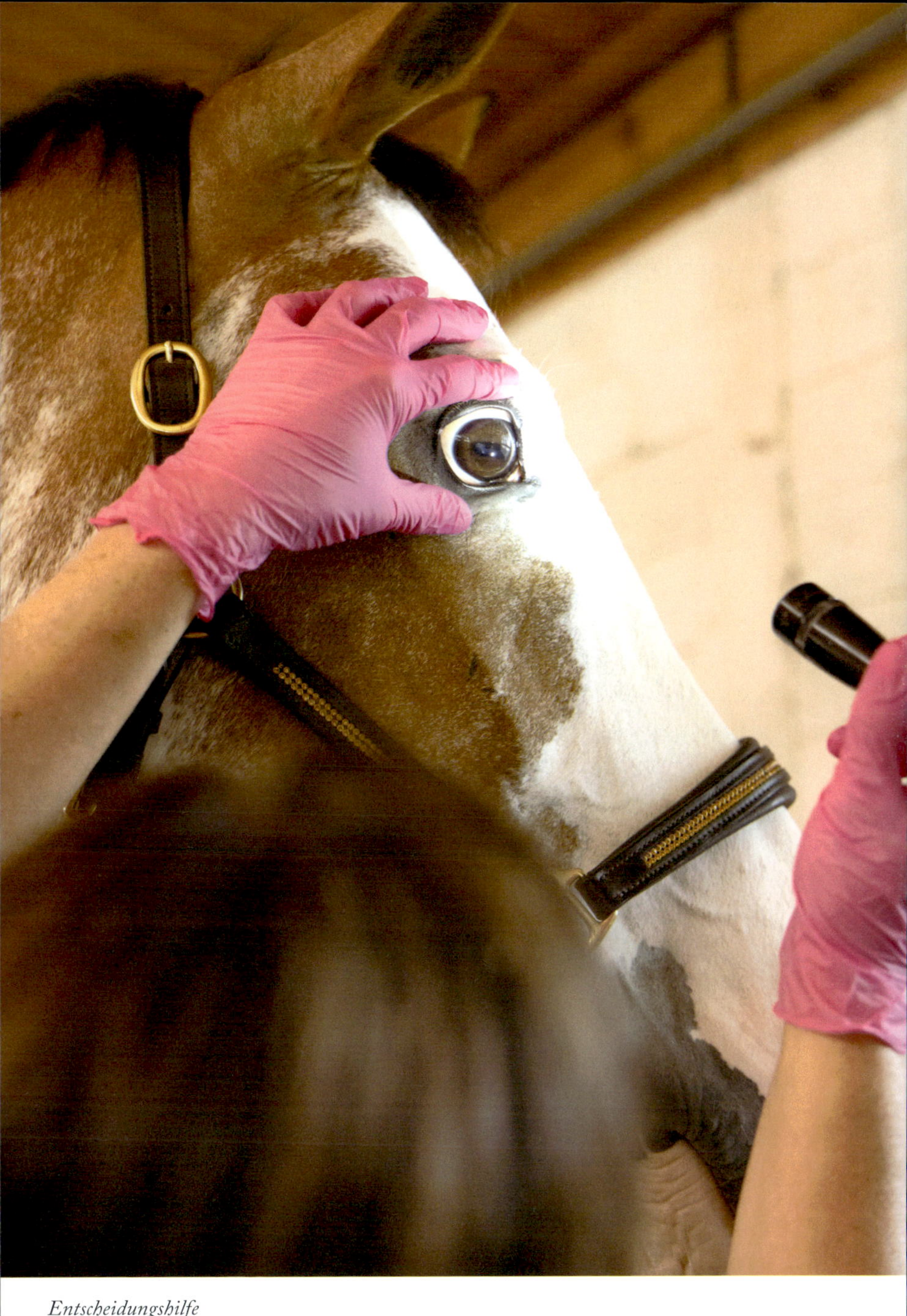

Entscheidungshilfe
Eine Ankaufsuntersuchung bietet keine Garantie für die zukünftige Gesundheit des Pferdes, aber sie kann potenzielle Probleme aufdecken und dem Käufer helfen, eine Entscheidung zu treffen.

6 Bahnregeln

Wie der Verkehr in der Reithalle geregelt wird

Wer mit seinem Pferd an der Hand eine Reithalle oder einen Reitplatz betritt, sollte aus Rücksicht auf die anderen Reiter und vor allem, um – wie im Straßenverkehr – Unfälle und Zusammenstöße zu vermeiden, gewisse Regeln, darunter auch die klassischen Bahnfiguren (siehe Kapitel 42) kennen. Dafür muss man erst mal wissen, dass Reiter grundsätzlich auf der linken oder auf der rechten Hand reiten und ein Richtungswechsel entsprechend »die Hand wechseln« genannt wird. Ist die linke Reiterhand auf der inneren und die rechte Hand auf der äußeren, zur Bande weisenden Seite, reitet man auf der linken Hand und die hat Vorfahrt. Will man also korrekt aneinander vorbeireiten, sollten sich die beiden linken Hände »begegnen«. Wer auf der rechten Hand reitet, weicht ins Bahninnere aus, die Reiter auf der linken Hand dürfen auf dem Hufschlag bleiben. Bei jedem Vorbeireiten sollte ein Sicherheitsabstand von mindestens 1,5 Meter und zum Vordermann eine Distanz von einer Pferdelänge gewahrt werden. Noch dazu haben größere Linien Vorrang vor den Kleineren und ganze Bahn Vorrang vor Bahnfiguren. Reitet man also eine kleine Volte, heißt es Rücksicht auf denjenigen zu nehmen, der gerade auf dem Zirkel reitet und entsprechend nach innen auszuweichen.

Wer die Reitbahn betreten möchte, ruft »Tür frei, bitte!« und wartet auf die Antwort »Tür ist frei!«, um Zusammenstöße im Eingangsbereich zu vermeiden. Das Aufsteigen erfolgt am besten in der Zirkelmitte, denn dort stört man andere Reiter meist am wenigsten. Hat man sich in den Sattel geschwungen und wärmt sein Pferd zunächst im Schritt auf, lässt man den Hufschlag frei, da auf diesem die höheren Gangarten Vorrang haben. Muss man aus irgendeinem Grund den Hufschlag kurz blockieren, um etwa an der Bande eine Jacke oder eine Decke abzulegen, sollte man dies möglichst präzise, zum Beispiel mit »Hufschlag bei A frei, bitte!« ankündigen. Die wichtigste Regel ist jedoch, stets vorausschauend zu reiten.

Vorbereitungshallen und -plätze

Auf Turnieren herrscht vor den Prüfungen meist ein ziemliches Gewusel auf den Abreiteplätzen. Um Unfälle zu vermeiden, einigt man sich häufig darauf, auf »einer Hand zu reiten«. Wer die Richtung ändern möchte, ruft dann laut und für alle verständlich: »Handwechsel bitte«, worauf sich auch die anderen Reiter um einen schnellen Richtungswechsel bemühen müssen.

7 Barockpferderassen

Edel und imposant

Zunächst ist das Barockpferd eigentlich keine Pferderasse, sondern ein Pferd mit bestimmten Eigenschaften, das im Laufe der Geschichte der Reiterei in verschiedenen Ursprungsländern Europas selektiv gezüchtet wurde. Aus diesen verschiedenen Zuchtrichtungen sind bis heute vor allem folgende Rassen als Barockpferde erhalten: Pura Raza Española (PRE) aus Spanien, Lusitanos (und Alter Réal) aus Portugal, Frederiksborger und Knabstrupper (als Farbvariante des Frederiksborgers) aus Dänemark, Friesen aus Holland, Kladruber aus Tschechien, Lipizzaner ursprünglich aus Österreich-Ungarn und Neapolitaner (Murgesen) aus Italien.

Ihnen allen ist gemein, dass sie sich aus den kleinen, aber kräftigen, wendigen, mutigen, intelligenten, für den Nahkampf gezüchteten Ritterpferden entwickelten, die Fürsten und Königen ein Garant für eine erfolgreiche Kriegsführung waren, aber auch seit jeher als Zeichen der Macht und des Reichtums dienten. Bis zum Zeitalter des Barock hatte sich der Adel jedoch längst von der reinen Gebrauchsreiterei verabschiedet und zelebrierte an den Fürstenhöfen zunehmend eine leichte und tänzerische Reiterei in prunkvollen Inszenierungen, für die es gelehrige und athletische Pferde mit einer hohen Versammlungsfähigkeit brauchte.

Im Wettbewerb mit anderen Königshäusern begann man eigene Rassen zu züchten, die sich in der Optik voneinander abhoben, jedoch allesamt beste Voraussetzungen für die hohe Schule der Dressur mitbrachten oder als repräsentative Kutschpferde dienen sollten. Europaweit prägten dabei vor allem die iberischen Pferde mit ihren fließenden Bewegungen, der hohen Knieaktion und dem eleganten Körperbau mit kurzem Rücken den Idealtypus des Barockpferdes und legten daher den Grundstock für die Zucht des Lipizzaners oder wurden beispielsweise in die Zucht des Neapolitanos, des Frederiksborgers, des Kladrubers und des Friesen eingekreuzt.

In der Kunst

Prägend für den Begriff Barockpferd waren auch die künstlerischen Darstellungen der Pferde im 17. und 18. Jahrhundert. Gemälde und Reiterstandbilder zeigen vor allem den Adel auf typvollen Pferden mit viel Langhaar, hoch aufgesetzten und geschwungenen Hälsen, langen Köpfen (häufig Ramsköpfe), kurzem Rücken, kräftiger Kruppe und stark gewinkelten Hinterbeinen.

8 Beliebte Pferderassen

Pferdefavoriten – robust und sportlich

Von den weltweit über 300 existierenden Pferderassen erfreuen sich in Deutschland überraschenderweise folgende Pferde- und Ponyrassen recht konstant besonders großer Beliebtheit, was sicherlich zum einen den Vorlieben der Pferdehalter, zum anderen aber auch dem geographischen Ursprung der Rassen geschuldet ist. Tatsächlich sind bei uns in den klassischen Hochburgen des Reitsports nämlich vor allem die lokalen Zuchtstätten (also in NRW beispielsweise die Westfalen) beliebt, wobei insgesamt die deutschen Sportpferderassen, allen voran der Hannoveraner, der Oldenburger und der Holsteiner hierzulande das Ranking der beliebtesten Rassen anführen und gleichzeitig auch international als besonders erfolgreiche Pferde im Spring-, Dressur- und Fahrsport die Nase vorn haben. Entsprechend sind auch die deutschen Reitponys besonders populär, obwohl sie erst seit Beginn des 20. Jahrhunderts in Deutschland, häufig als dressur- oder springbetonte Linien, gezüchtet werden. Optisch handelt es sich bei ihnen mit einem Stockmaß zwischen 138 und 148 Zentimetern um Großpferde im Kleinformat, die sich seit Langem unter anderem als Einstieg in den Turniersport für junge Reiter bewähren.

Dass sich auch Shetlandponys, Isländer, Fjordpferde und Haflinger bei uns großer Beliebtheit erfreuen, liegt wohl vor allem an ihrer Robustheit und ihrem hohen Stellenwert sowohl als nervenstarke Allrounder im Freizeitbereich als auch im Reit- und Fahrsport.

Zu den beliebtesten, etwas exotischeren Rassen zählen bei uns die vor allem bei Westernreitern populären American Quarter Horses, die eleganten und für den Distanzsport geeigneten Araber mit den charismatischen kleinen Köpfen und die lackschwarzen Friesenpferde mit dem üppigen Langhaar, die als Eyecatcher in vielen Pferdeshows zu finden sind, obwohl sie in den Niederlanden (Friesland) ursprünglich als repräsentative Wagenpferde gezüchtet wurden.

Das American Quarter Horse
ist global betrachtet vermutlich nicht nur die beliebteste, sondern auch mit einer Population von über fünf Millionen Tieren die am häufigsten vorkommende Pferderasse weltweit.

9 Beweidung durch Pferde

Landschaftspflege mit Hilfe von Exmoor-Ponys

Seit die Menschen vor etwa 10.000 Jahren sesshaft wurden, um Ackerbau und Viehzucht zu betreiben, haben sie in die Natur eingegriffen und die Landschaft nach ihren Bedürfnissen umgestaltet. Im Zuge der Intensivierung der Landwirtschaft wichen anfangs ungeregelt beweidete Flächen einer stetig monotoneren Nutzung der Landschaft, sofern diese für Maschinen zugänglich war. Schwer zu bewirtschaftende Flächen fielen hingegen nach und nach brach und verbuschten. Da diese wertvollen Lebensräume und Biotope für viele Tier- und Pflanzenarten verloren zu gehen drohen, werden sie immer öfter naturschutzfachlich gepflegt und beweidet.

Mittlerweile steigt auch die Zahl der Beweidungsprojekte, bei denen Pferde eingesetzt werden. Um zu verhindern, dass sie größere Tritt- und Verbissschäden anrichten als die kleineren Schafe und Ziegen, werden in Deutschland vorwiegend die nur 120 bis 130 Zentimeter großen Exmoor-Ponys dafür genutzt. Die kleinen Pferde, die bis heute dem Typus des europäischen Urpferdes entsprechen, stammen ursprünglich aus Exmoor im Südwesten Englands und streifen dort zum Teil heute noch im Herdenverband quasi wild durch die inzwischen zum Nationalpark ernannte hügelige Landschaft. Jahrtausendelang nicht züchterisch verändert, verfügen sie über kleine, harte Hufe, relativ kurze Beine und eine kräftige Muskulatur, was sie besonders trittsicher und geländegängig macht. Magen und Darm sind der kargen Nahrung angepasst. Mit ihrem (dunkel-)braunen Fell und den Aufhellungen an Bauch und Beininnenseiten sind sie in ihrer natürlichen Umgebung perfekt getarnt. Vor allem aber besitzen sie einen sehr großen Kopf, um mit ihrem starken Kiefer auch Äste und grobe Vegetation zermalmen zu können. Da sie Felder nicht komplett abgrasen, sondern gezielt umherschweifen, hinterlassen sie keinen Kahlschlag, sondern ergänzen Rinder, Ziegen und Schafe bei der Nahrungssuche. Häufig sind Beweidungsprojekte auch gleichzeitig Züchter dieser Robustpferde und geben gelegentlich Nachwuchs ab.

Beweidungsprojekt Oberdiebach

In Oberdiebach (Rheinland-Pfalz, nahe Bacharach) verhindert eine Exmoor-Herde zusammen mit Ziegen auf einer gut 30 Hektar großen, überwiegend aus ehemaligen Weinbergterrassen bestehenden, halboffenen Weidelandschaft die Verbuschung und trägt so zur Wiederherstellung ursprünglicher Lebensräume bei.

10 Blutegel

Therapie mit Biss

Die kleinen Vampire werden bereits seit Jahrhunderten zur medizinischen Behandlung von Menschen und Tieren genutzt. Auch bei Pferden werden sie häufig zur Therapie verschiedener Erkrankungen eingesetzt. Die Verwendung von Blutegeln wird als Hirudotherapie bezeichnet.

Blutegel haben die Fähigkeit, Blut zu saugen und dabei gleichzeitig ihren Speichel abzugeben, der entzündungshemmend und schmerzlindernd wirkt. Die Anwendung von Blutegeln am Pferd kann bei verschiedenen Erkrankungen und Verletzungen hilfreich sein. Dazu gehören beispielsweise Sehnenschäden, Arthrose, Hufrehe, Entzündungen und Ödeme. Blutegel können auch bei der Wundheilung unterstützen, indem sie die Durchblutung erhöhen und die Bildung von neuem Gewebe fördern. Die Behandlung mit Blutegeln erfolgt in der Regel durch das Platzieren der Blutegel an den Stellen am Pferd, die von der Erkrankung betroffen sind. Der Vorgang dauert normalerweise etwa 30 bis 60 Minuten, dabei kann jeder Blutegel bis zu zehn Milliliter Blut aufnehmen.

Die Wunde kann für einige Stunden nach der Behandlung noch leicht bluten, was gewünscht ist und einen entstauenden Effekt hat.

Die Therapie mit Blutegeln am Pferd ist in der Regel gut verträglich und hat nur wenige Nebenwirkungen. In seltenen Fällen kann es zu einer allergischen Reaktion auf den Speichel des Blutegels kommen. Deswegen ist es wichtig, dass die Behandlung von einem erfahrenen Tierarzt oder Therapeuten durchgeführt wird. Die Anwendung von Blutegeln am Pferd sollte immer als Ergänzung zur tierärztlichen Behandlung betrachtet werden. Es ist wichtig, dass die zugrunde liegende Erkrankung oder Verletzung im Vorfeld angemessen diagnostiziert und behandelt wird.

Leider dürfen Blutegel nur einmal verwendet werden, da sie unter das Fertigarzneimittelgesetz fallen und Krankheiten übertragen könnten, wenn sie mehrfach benutzt werden.

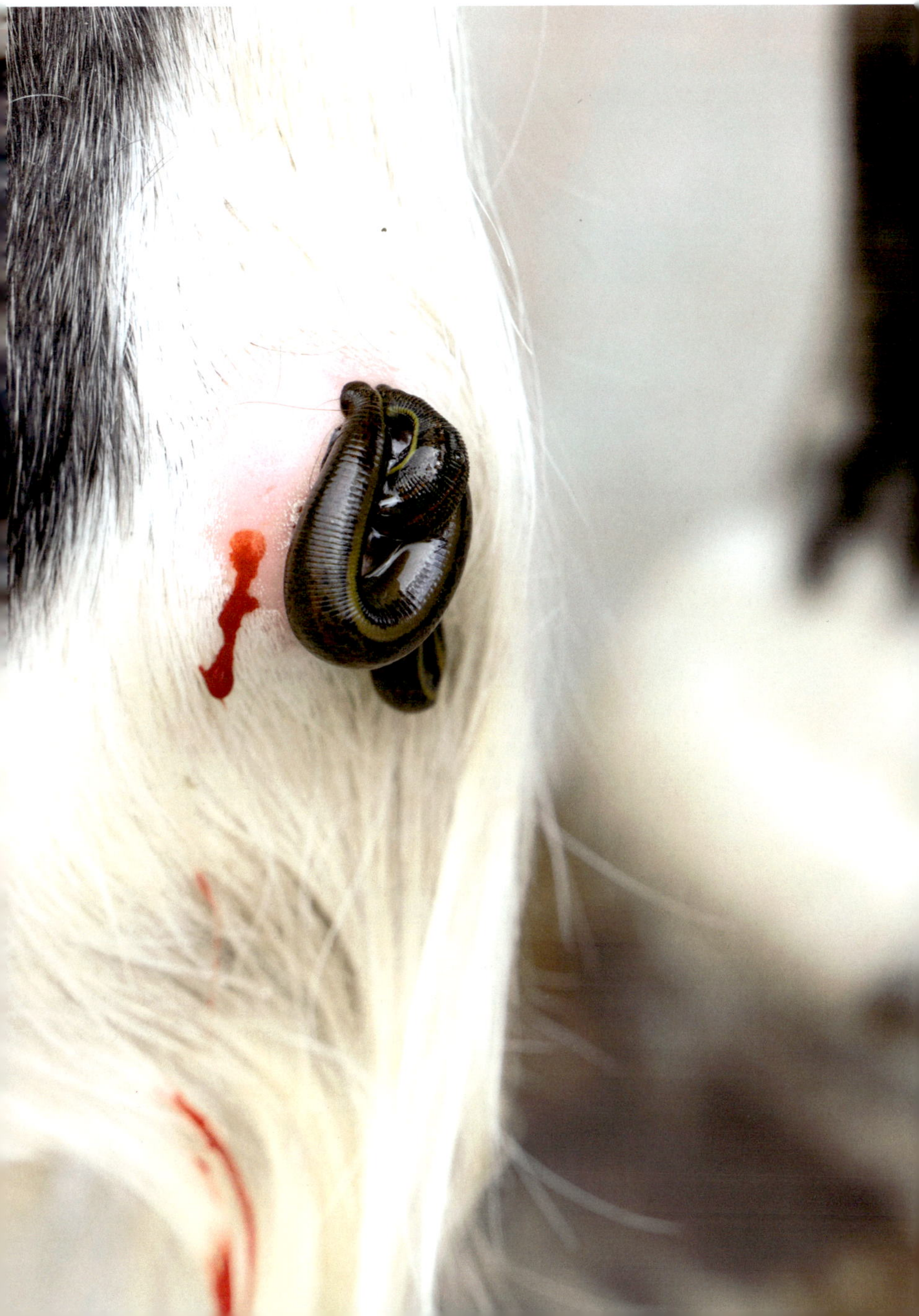

Nützliche Blutsauger
Im Gegensatz zu einigen Medikamenten können Blutegel zum Beispiel sogar bei trächtigen und laktierenden Stuten genutzt werden.

11 Bodenarbeit

Mit Körpersprache an der Teamarbeit feilen

Zunächst einmal ist Bodenarbeit ein Oberbegriff für viele Aktivitäten der Ausbildung, der Beschäftigung, der Beziehungsarbeit und des Trainings von Pferden, die nicht vom Sattel sondern quasi auf Augenhöhe vonstattengehen. Dazu zählen unter anderem: Führtraining, Longieren, Handarbeit, Arbeit am langen Zügel, Freiarbeit, Freiheitsdressur und Zirzensik, Horse-Agility, Stangenarbeit, Gelassenheits- und Verladetraining.

Führtraining, Longen- und Handarbeit sind unter anderem eine gute Vorbereitung fürs Anreiten und das Präsentieren junger Pferde auf Zuchtschauen und unterstützen die Gesunderhaltung älterer Pferde. Gelassenheitstraining kann das Ausreiten sicherer machen oder ängstliche Pferde über sich hinauswachsen lassen; Handarbeit und Langzügelarbeit eignen sich zur Vorbereitung klassischer Lektionen wie Piaffe, Passage oder Seitengängen und dienen, genau wie das Pferd beispielsweise an der Hand oder an der Longe über Stangen treten lassen, der Gymnastizierung. Für Freiarbeit und Freiheitsdressur braucht es nicht einmal ein Kopfstück oder einen Strick, daher stehen hier die menschliche Körpersprache, aber auch die Körperwahrnehmung des Pferdes im Fokus, vor allem, wenn dabei sogar zirzensische Lektionen wie spanischer Schritt, Kompliment, Liegen, Sitzen oder Steigen erarbeitet werden.

Generell bringt Bodenarbeit nicht nur Abwechslung in den Pferdealltag, sondern stärkt die Verbindung zum Pferd, hilft, dessen Vertrauen zu gewinnen, fördert die Konzentration und motiviert zur freiwilligen Mitarbeit. Sie ist eine gute Grundlage und Ergänzung zum Reiten, eine Beschäftigung für Pferde, die nicht geritten werden können, und spielt in der Pferderehabilitation zur gezielten Verbesserung der Mobilität, der Tragkraft, der Balance und des Muskelaufbaus eine große Rolle – zum Beispiel beim Antrainieren und beim Steigern der Kondition nach Verletzungspausen. Bodenarbeit ist also kein Reitersatz, sondern bietet eine zusätzliche Möglichkeit, Pferde sinnvoll zu fördern.

Nützliches Equipment
Je nach Art der Bodenarbeit benötigt man dafür Longe, Longierpeitsche und Kappzaum, Bodenarbeitsseil, Halfter oder Knotenhalfter, einen langen Zügel, eine Touchiergerte, Hindernisse für ein Antischrecktraining oder einen Agility-Parcours oder normale Hindernisstangen und Cavalettis.

12 Brandzeichen

Werbung für die Rasse oder das Gestüt

Früher erhielten fast alle reinrassigen Pferde und Ponys einen Schenkelbrand, anhand dessen man schnell die Rasse beziehungsweise das Zuchtgebiet ablesen konnte. Der traditionelle Heißbrand mit einem geschmiedeten, hoch erhitzten Brenneisen wurde zur Identifikation schon im Mittelalter verwendet, um die Pferde eines Besitzers bereits im Fohlenalter zu kennzeichnen, eine Methode, die bis heute zum Beispiel noch bei freilaufenden Herden in Südamerika angewendet wird. Die Geschichte der bei uns bekannten und auf die linke oder rechte Hinterhand aufgebrachten Rasse- und Gestütsbrände (meist ergänzt durch individuelle Nummernbrände) fiel häufig zusammen mit den zahlreichen Stutbuch-Gründungen im 19. Jahrhundert. Der berühmte Trakehnerbrand – die siebenendige Elchschaufel – wurde für die ursprünglich aus Ostpreußen stammenden Warmblüter sogar schon seit 1787 verwendet. Während sich in Deutschland die oft wappenähnlichen Brandzeichen als Markenzeichen der 13 großen Zuchtgebiete entwickelten, kennzeichnete man damit anderswo bestimmte Rassen einheitlich oder nutzt man wie in Spanien bis heute den Schenkelbrand als »Branding« für das eigene Gestüt. Daher sind allein bei der größten spanischen Zuchtvereinigung ANCCE über tausend Gestütsbrandzeichen registriert, die den Stutfohlen auf den rechten, den Hengstfohlen auf den linken Schenkel gebrannt werden.

Da seit 2009 EU-weit alle neugeborenen Fohlen mit einem Transponder (Mikrochip) gekennzeichnet werden müssen, wurde der Heißbrand überflüssig und ist zumindest in Deutschland aus Tierschutzgründen seit 2019 verboten, um den Pferden unnötige Schmerzen zu ersparen.

Einige Länder, darunter England und Australien, verwenden seitdem einen Kaltbrand, bei dem das Eisen mit Hilfe von flüssigem Stickstoff so stark heruntergekühlt wird, dass die Pigmente in den Haarwurzeln zerstört werden und Haare an dieser Stelle weiß nachwachsen.

Brandzeichen als Epidemie-Kennzeichnung
Während der massiven Ausbreitung der Afrikanischen Pferdepest (AHS), einer hochansteckenden und anzeigepflichtigen Infektionskrankheit in Spanien und Portugal (1987–1990), wurde Pferden aus nachgewiesen seuchenfreien Betrieben ein X auf die linke Schulter gebrannt.

13 Das Camargue-Pferd

Die Pferde des Meeres

Der Ursprung dieser Rasse liegt in der Camargue, einem Feuchtgebiet zwischen Fluss und Meer im Süden Frankreichs. Hier leben die weißen Pferde teilweise frei unter rauen Bedingungen Seite an Seite mit Flamingos.

Das Camargue-Pferd ist von mittlerer Größe. Es hat einen kräftigen Körperbau mit starken Beinen und Hufen, die es ihm ermöglichen, sich sicher auf dem sumpfigen Boden seiner Heimat zu bewegen. Die Pferde haben eine durchschnittliche Größe von 1,35 bis 1,50 Metern und wiegen zwischen 350 und 500 Kilogramm. Eins der typischen Merkmale des Camargue-Pferdes ist seine Fellfarbe. Die meisten Camargue-Pferde sind grau oder weiß, wobei die Fohlen bei der Geburt eine dunkle Fellfarbe haben, die sich im Laufe der Zeit aufhellt.

Bekannt geworden sind sie für ihre Fähigkeit als ausdauernde Schwimmer, eine Eigenschaft, die sie in der Camargue entwickelt haben, um sich in den sumpfigen Gebieten fortzubewegen. Dies macht sie zu perfekten Begleitern für Ausritte am Strand oder durchs Wasser.

Die Camargue-Pferde sind ein wichtiger Teil der Kultur Südfrankreichs und werden oft bei traditionellen Veranstaltungen eingesetzt. Sie sind ein Symbol für die Freiheit und Schönheit der Camargue und werden von den Einheimischen sehr geschätzt. Nur die Pferde, die unter dem freiem Himmel Südfrankreichs geboren wurden, dürfen den Titel Camargue tragen.

Lorenzo ist dank spektakulärer Showauftritte mit seinen Pferden vermutlich der bekannteste Pferdemensch aus der Camargue. In Deutschland kennt man ihn aus der Hop Top Show, die im Rahmen der Equitana stattfindet und wo er als »The Flying French Man« eine atemberaubende Ungarische Post mit acht Pferden gleichzeitig zeigt.

Sollten Sie also Urlaub in Südfrankreich machen, planen Sie einen Besuch im Paradies der französischen Seepferdchen fest mit ein und lassen Sie sich von der einzigartigen Natur verzaubern.

Besondere Fähigkeiten

Unter Wasser fressen – für das Carmargue-Pferd kein Problem. Es kann aufgrund einer speziellen Atemtechnik seine Nüstern verschließen.

14 Curly Horses

Der Pudel unter den Pferden

Mal ganz ehrlich – ein bisschen sehen sie schon aus wie der Persianer-Mantel von der Oma. Das gelockte Fell der American Bashkir Curly Horses ist einzigartig unter den Pferderassen und kann von leichten Wellen bis hin zu starken Locken reichen. Egal, ob Fell, Beinbehang, Ohr- oder Deckhaare – an dieser besonderen Pferderasse ist nichts glatt. Hautepithel und Fell sind hypoallergen und genau das macht sie beliebt bei Menschen, die sonst allergisch auf Pferdehaare reagieren. Verschiedene Studien aus der Humanmedizin zeigen, dass Curlys im Vergleich zu anderen Rassen eine deutlich geringere Anzahl an Allergenen besitzen und dadurch bei 95 Prozent der Testpersonen keine Reaktionen hervorrufen.

Über den Ursprung dieser Rasse gibt es verschiedene Theorien, konkrete Nachweise gibt es aber nicht. Aufzeichnungen nach waren die indigenen Stämme der Sioux und der Crow im Besitz von gelockten Pferden, die sich durch ihre Trittsicherheit und Robustheit bis heute auszeichnen. Gezielt gezüchtet werden die lockigen Pferde seit dem 19. Jahrhundert in Europa, und die ABCR (American Bashkir Curly Horse Registry) – die älteste Curry Horse Registrierung – wurde im Jahr 1971 gegründet.

Ihr sanfter Charakter, ihre vielseitigen Einsatzmöglichkeiten als Freizeitpferd in allen Reitweisen und Sparten und ihre mittlere Größe zwischen 1,30 und 1,70 Meter machen sie zu ausgezeichneten Familienpferden.

Eine weitere bemerkenswerte Eigenschaft der Curly Horses ist ihre Anpassungsfähigkeit an verschiedene Klimazonen. Sie sind bekannt dafür, extremen Temperaturen standzuhalten – sei es in kalten Winter- oder in heißen Sommermonaten. Ihr lockiges und sehr talghaltiges Fell bietet ihnen eine natürliche Isolierung und schützt sie vor Wind und Regen. Insider sagen sogar, dass das Fell der Lockigen nach einem Regenguss schneller trocknet als das ihrer glatthaarigen Kollegen.

Sanfte Familienmitglieder
Gelassen und freundlich zu sein, sagt man Curly Horses nach. Ein Hingucker sind diese Pferde allemal.

15 Die Dachverbände

FN und FEI – Wer regelt was?

Die FN (Fédération Equestre National) genannte, in Warendorf ansässige Deutsche Reiterliche Vereinigung ist der Dachverband aller Reiter, Züchter, Fahrer und Voltigierer und der achtgrößte Sportverband in Deutschland. Ihr Ziel ist es, die verschiedensten Aufgaben rund um die Pferde und Reiter, das Reitvereinswesen und die Zucht wahrzunehmen und sich neben der Organisation des nationalen Turniersports auch um die Ausbildung von Pferden und Pferdesportler zu kümmern. Daher werden nicht nur sämtliche Daten und Ergebnisse des Turniersports bei der FN erfasst, sondern über die FN auch die mehr als 50 Abzeichen im Pferdesport (siehe Kapitel 1) vergeben, die der Ausbildungsüberprüfung von Reitern, Fahrern und Voltigierern dienen. Zu diesem Zwecke wurden einheitliche Richtlinien und Regelwerke verfasst, darunter die Leistungsprüfungsordnung (LPO), die Wettbewerbsordnung (WBO) und die Aufgabenhefte für die verschiedenen Pferdesportarten. Dem Dachverband angeschlossen sind daher die 17 Landesverbände der Reitvereine und Pferdebetriebe sowie die Zuchtverbände, aber auch der Breitensport beziehungsweise das Freizeitreiten werden von der FN reglementiert.

Zusätzlich vertritt die FN die Interessen des deutschen Pferdesports und der Pferdezucht gegenüber internationalen Organisationen, vor allem natürlich gegenüber der FEI – der Fédération Equestre International –, die ihren Sitz, genau wie das Olympische Komitee, in Lausanne hat. Die FEI kümmert sich maßgeblich um den internationalen Turniersport und damit auch um die Ausrichtung der Weltreiterspiele und der Reitwettbewerbe bei den Olympischen Spielen und legt entsprechende Wettkampfregeln fest. Ihr angeschlossen sind derzeit 133 nationale Verbände. Wer international starten möchte, benötigt daher für seine Pferde eine FEI-Registrierung und den entsprechenden FEI-Equidenpass (siehe Kapitel 22).

Tierschutz
Sowohl die Deutsche Reiterliche Vereinigung als auch die FEI haben sich auf die Fahne geschrieben, massiv gegen Tierschutzverstöße und gegen Doping vorzugehen, geraten aber immer wieder in die Kritik, vor allem wenn im internationalen Sport Zuwiderhandlungen nicht rigoros genug geahndet werden.

16 Der Damensattel

Von Zeltern und Gabelsätteln

Auch wenn Darstellungen belegen, dass Frauen bereits in der Antike seitlich auf dem Pferd saßen, kam dieser Damensitz erst bei den adligen Damen im 14. Jahrhundert in Mode. Zunächst nahmen sie dafür in einem Sambue, einem mit Stroh gepolsterten Gestell mit hohem Sattelknauf und einer Fußstütze auf der linken Seite Platz. Um den sehr unsicheren Sitz etwas auszugleichen, wählte man hauptsächlich Zelter als Reittiere, da diese als Vorläufer unserer modernen Gangpferde lange Strecken in einer bequemen, schwunglosen Mischung aus Tölt und Pass (Zeltgang) zurücklegen konnten.

Anna von Böhmen, Ehefrau König Richards II. von England, stellte um 1380 aus Sicherheitsgründen nur noch den linken Fuß auf das Brett und setzte sich mit Blickrichtung nach vorn. Katharina de Medici legte um 1680 auch noch ihr rechtes Bein über den Sattelknauf, hatte dank dieses Schrägsitzes endlich Einwirkung auf das Pferd und machte damit den Gabelsattel populär, der in veränderter Form bis heute Verwendung findet. Dank des Gabelsattels war es den Amazonen endlich möglich, Jagden zu reiten und Hindernisse zu überwinden, auch wenn die Gabel allein immer noch wenig Halt bot und der Schwerpunkt der Reiterinnen oft zu sehr nach rechts verlagert wurde.

Ausgerechnet ein Mann – der Berufsjäger Thomas Oladker, der Jagden nach einem Unfall nur noch im Damensattel reiten konnte – erfand 1790 das dritte Horn, das nach unten abgewinkelt für einen deutlich sichereren Sitz beim Springen sorgt. Mit der Zeit wurde der Damensattel immer leichter, funktionaler gepolstert und durch einen zusätzlichen Balanceriemen etwas sicherer. Parallel wich der Rock einer hinten geschlitzten Reitschürze, um das Hängenbleiben im Sattel zu verhindern. Dennoch saßen Frauen ab 1900 wieder vermehrt rittlings auf dem Pferd und zumindest in Deutschland ist der Damensattel seit dem Ersten Weltkrieg kaum mehr in Gebrauch.

Der Damensattel als Kulturgut
Der Verein RID – Reiten im Damensattel e. V. widmet sich dem Erhalt dieser eleganten, historischen Reitweise und organisiert regelmäßig Lehrgänge und Vorführungen.

17 Der Deckakt

Natursprung versus Besamen

Wer träumt nicht davon, ein Fohlen aus der eigenen Stute zu ziehen und aufwachsen zu sehen? Davor muss allerdings erst mal der passende Deckhengst gefunden werden, und allein die der FN angeschlossenen Zuchtverbände listen über 7.000 Hengste mit Zuchtzulassung auf. Mit der Wahl des Mister Right entscheidet sich meist auch die Form der Befruchtung, denn die bestimmt der Hengsthalter. Erfolgt der Deckakt im Natursprung oder wird die Stute künstlich besamt? Beides hat viele Vor-und Nachteile und ist unterschiedlich aufwendig. Die natürlichste, aber auch extrem zeitaufwendige Fortpflanzungsart ist sicherlich, die Stute für die Decksaison in eine Herde zu integrieren und diese dann dem Hengst zuzuführen. Bei der Bedeckung an der Hand wird die rossige Stute zur Hengststation gebracht. Während eine Person die Stute hält oder in einem Deckständer positioniert, wird sie vom Hengst »an der Hand« gedeckt, sofern sie sich ihm als paarungsbereit präsentiert. Dies wird meist alle 48 Stunden wiederholt, bis die Stute den Hengst »abschlägt« und damit anzeigt, dass der Zeitpunkt des Eisprungs (Ovulation) vorbei ist. Natursprünge bergen jedoch immer ein gewisses Verletzungsrisiko für beide Tiere, außerdem können hierbei auch Geschlechtskrankheiten übertragen werden.

Weniger aufwendig ist die künstliche Besamung, bei der die rossige Stute allerdings in engen Intervallen per Ultraschall untersucht werden muss, um das Sperma zeitnah zum Eisprung einzuführen. Mit Frisch- oder Tiefgefrier-Sperma (TG-Sperma) können wesentlich mehr Stuten besamt werden und so ist auch die Verfügbarkeit des Auserwählten am ehesten gewährleistet, denn Spitzenhengste kommen bei bis zu 0,3 Liter Samenflüssigkeit pro »Schuss« schon mal auf 500 Stuten pro Jahr. Viele Deckstationen stallen die Stuten bei sich auf, bis eine Trächtigkeit 14 bis 18 Tage nach dem Eisprung per Ultraschall bestätigt werden kann.

Tiefgefriersperma
Sogenanntes TG-Sperma kann unendlich lange gelagert werden, sogar über den Tod des Hengstes hinaus. Aktive Hengste können vor der Turniersaison abgesamt werden, damit das TG-Sperma dann auf Bestellung in Spezialbehältern versendet werden kann.

18 Dual-Aktivierung

So sehen Pferde die Welt

Die Augen des Pferdes liegen seitlich am Kopf. Jedes Auge erfasst daher ein eigenes Bild. Das nennt man monoculares Sehen. Wir Menschen dagegen sehen binocular, das heißt beide Auge bilden ein gemeinsames Bild. Für das Pferd als Beutetier ist diese Art des Sehens sinnvoll, da es so einen guten Überblick während der Flucht hat.

Pferde erfassen etwa 80 bis 85 Prozent mit dem linken Auge und speichern diese Informationen mit der rechten Gehirnhälfte. Nur 15 bis 20 Prozent werden mit dem rechten Auge und der linken Gehirnhälfte erfasst und verknüpft. Um also ein souveränes Pferd zu bekommen, das neue Eindrücke im wahrsten Sinne des Wortes gelassen sieht, sollten wir im Training Wert darauf legen, tatsächlich beide Augen anzusprechen. Pferde haben zwei Farbzäpfchen (Dichromat) und sehen die Farben blau und gelb als Farben, weiß ist weiß, schwarz ist schwarz, die restlichen Farben sind für das Pferd verschiedene Grautöne.

Der Trainer Michael Geitner machte sich dieses Wissen zunutze und entwickelte eine Trainingsmethode, die er Dual-Aktivierung® nennt. Dabei arbeitet er mit Schaumstoffgassen in Blau und Gelb, die auf dem Boden liegen und wie ein Parcours beim Longieren genutzt werden sollen. So werden beide Augen und damit auch beide Gehirnhälften angesprochen und trainiert. Koordination und Balance werden deutlich verbessert, und das Pferd kann in Stresssituationen gelassener reagieren. Die Kombination aus Blau und Gelb sollte regelmäßig abgewechselt werden, um die Aufmerksamkeit des Pferdes zu erhöhen. Die dabei verwendeten Schaumstoffbalken senken das Verletzungsrisiko, da das Pferd nicht abrutschen kann, wenn es versehentlich auf eine der Gassen tritt.

Das Wissen über die Anatomie und Physiologie des Pferdes ermöglicht es uns, besser mit Pferden zu kommunizieren und sie zu trainieren. So wird der Stallalltag entspannter und sicherer.

Koordinationstraining
Die Dual-Aktivierung® kann longiert und geritten mit dem Pferd genutzt werden. Quasi als monoculares Training für Dichromaten.

19 Einstreu

Wie man sich bettet, so liegt man

Die richtige Einstreu für sein Pferd zu finden, ist heutzutage eine Philosophie. Wurde eine Box früher noch klassisch und ausschließlich mit Weizenstroh eingestreut, gibt es heute zahlreiche Alternativen auf dem Markt. Das Tierschutzgesetz sieht unabhängig von der Aufstallungsart vor, dass Pferden ausreichend trockene Einstreu an Liegeflächen zur Verfügung stehen muss.

Diese Einstreu muss ein hohes Maß an Saugfähigkeit aufweisen, um den Pferdeurin aufnehmen zu können. Außerdem sollte sie eine wärmeisolierende und verformbare Liegefläche bilden, auf der sich das Pferd ausruhen kann. Gleichzeitig kann das Stroh aber auch einen Anteil des Raufutters ausmachen, quasi als Knabberbeschäftigung zwischen den Heurationen. Seit einigen Jahren sieht man in zahlreichen Reitställen neben Stroheinstreu auch Produkte wie Holzspäne und -pellets, Waldboden und Leinstreu. Diese Produkte sind nicht als Nahrung geeignet! Fressen die Pferde, oft aus Langeweile, davon, sind Koliken vorprogrammiert.

Pluspunkte vieler alternativer Einstreuarten sind ihre Staubarmut und die thermische Entkeimung gegen Schimmelpilze. In Zeiten immer häufiger auftretender Atemwegserkrankungen und Allergien bei den Vierbeinern ist dies ein gravierender Vorteil, da die Schadstoff-Reduktion in der Luft ein wesentlicher Faktor für das Stallklima und somit für die Gesunderhaltung des Pferdes ist. Wichtig ist hier auch das Stichwort Nachhaltigkeit, da man schnell nachwachsende Rohstoffe zum Beispiel der Ressource Baum vorziehen sollte.

Wichtig für Stallbesitzer: Trockene Lagermöglichkeiten, um Schimmelbildung zu vermeiden, und weniger Mist bedeuten weniger Entsorgungskosten.

Die richtige Einstreu muss nach individuellen Bedürfnissen des Pferdes ausgesucht werden. Gesundheitliche Aspekte haben hier Vorrang. Besprechen Sie mit Ihrem Stallbesitzer auch, welche Einstreu unkompliziert und kostengünstig entsorgt werden kann.

Zusatzverdienst
Aus Mist Geld machen? Häufig nehmen niederländische Champignonzüchter die benutzte Weizeneinstreu zur Pilzzucht.

20 Ektoparasiten

Fliegen, Zecken, Mücken und Co.

Ektoparasiten sind Parasiten, die sich auf der Haut des Pferdekörpers befinden und sich von seinem Blut oder Gewebe ernähren. Diese Parasiten können verschiedene gesundheitliche Probleme verursachen. Daher sollte die Haut mindestens einmal wöchentlich kontrolliert und bei Bedarf behandelt werden. Meistens bemerkt man den Befall aber, da sich das Pferd auffällig oft kratzt oder selbst an den Beinen knabbert.

Hauptparasiten beim Pferd sind Fliegen. Sie können nicht nur lästig sein, sondern auch Krankheiten übertragen und Hautirritationen oder Augeninfektionen verursachen. Es gibt verschiedene Arten von Parasiten, darunter Bremsen, Stech- und Kriebelmücken. Um Fliegenbefall zu verhindern, sollten Pferdehalter Fliegenschutzmittel verwenden und die Umgebung sauber halten, um Brutplätze zu vermeiden. Der Markt bietet außerdem eine Vielzahl an Fliegendecken und -masken zum Schutz.

Ein weiterer häufiger Ektoparasit bei Pferden sind Zecken. Diese können verschiedene Krankheiten wie Borreliose und Anaplasmose übertragen. Es ist wichtig, Zecken sofort zu entfernen und die Bissstelle zu desinfizieren, um Infektionen zu verhindern.

Milben, Läuse und Haarlinge sind ebenfalls ungebetene Gäste bei Pferden. Es gibt verschiedene Arten Milben, darunter Grasmilben, Ohrmilben und Räudemilben. Sie können Hautirritationen, Juckreiz und Haarausfall verursachen.

Um Ektoparasiten-Befall bei Pferden zu verhindern, ist es wichtig, eine gute Stallhygiene zu praktizieren und das Pferd sowie sein Equipment regelmäßig und gründlich zu reinigen. Besonders Pferde mit starkem Behang sind anfällig für Hautirritationen. Eine gute Fellpflege ist notwendig, um Problemen vorzubeugen. Feuchte, rissige Haut ist anfälliger für Hautprobleme, als ein trockenes Milieu. Bei Verdacht auf Parasitenbefall sollte ein Tierarzt konsultiert werden, um eine geeignete Behandlung einzuleiten.

Allergien

Manche Pferde sind allergisch auf Ektoparasiten und reagieren mit einem Hautekzem. Bei ihnen ist ein präventiver Schutz in Form von einer Ekzemerdecke und Fliegensprays besonders wichtig.

21 Endoparasiten

Da ist der Wurm drin

Parasiten, die im Inneren des Körpers von Pferden leben und sich zum Beispiel vom Darminhalt und anderen Körperflüssigkeiten ernähren, nennt man Endoparasiten. Sie können verschiedene Organe und Gewebe des Pferdes befallen und zu schwerwiegenden gesundheitlichen Problemen führen. Zu den häufigsten Endoparasiten bei Pferden gehören Würmer wie Strongyliden, Spulwürmer, Bandwürmer und Pfriemenschwänze. Sie siedeln sich im Darm des Pferdes an und vermehren sich dort. Die Larven der Würmer können beispielsweise durch kontaminiertes Gras oder Wasser aufgenommen werden.

Ein Befall mit Endoparasiten kann zu verschiedenen Symptomen führen, darunter Gewichtsverlust, Durchfall, Koliken, Husten und einem schlechten Allgemeinzustand. In schweren Fällen kann ein Befall mit Endoparasiten sogar lebensbedrohlich sein. Um einen Befall zu verhindern, ist es wichtig, regelmäßig eine Entwurmung durchzuführen. Diese sollte in Absprache mit einem Tierarzt erfolgen, da nicht alle Entwurmungsmittel gegen alle Arten von Endoparasiten wirksam sind. Zudem sollte die Entwurmung regelmäßig wiederholt werden, da einige Wurmarten eine hohe Widerstandsfähigkeit gegenüber Entwurmungsmitteln entwickelt haben.

Neben der regelmäßigen Entwurmung gibt es auch andere Maßnahmen, um das Risiko eines Befalls mit Endoparasiten zu verringern. Dazu gehört eine gute Hygiene auf der Weide, wie das regelmäßige Entfernen von Pferdeäpfeln, um die Anzahl der Wurmeier zu reduzieren. Zudem sollten Pferde nicht auf überweideten Weiden gehalten werden, da diese ein höheres Risiko für einen Wurmbefall aufweisen.

Eine regelmäßige Kotuntersuchung kann ebenfalls dazu beitragen, einen Befall mit Endoparasiten frühzeitig zu erkennen. Dabei wird eine Kotprobe des Pferdes auf das Vorhandensein von Wurmeiern untersucht und im Anschluss gezielt gegen die gefundenen Endoparasiten behandelt.

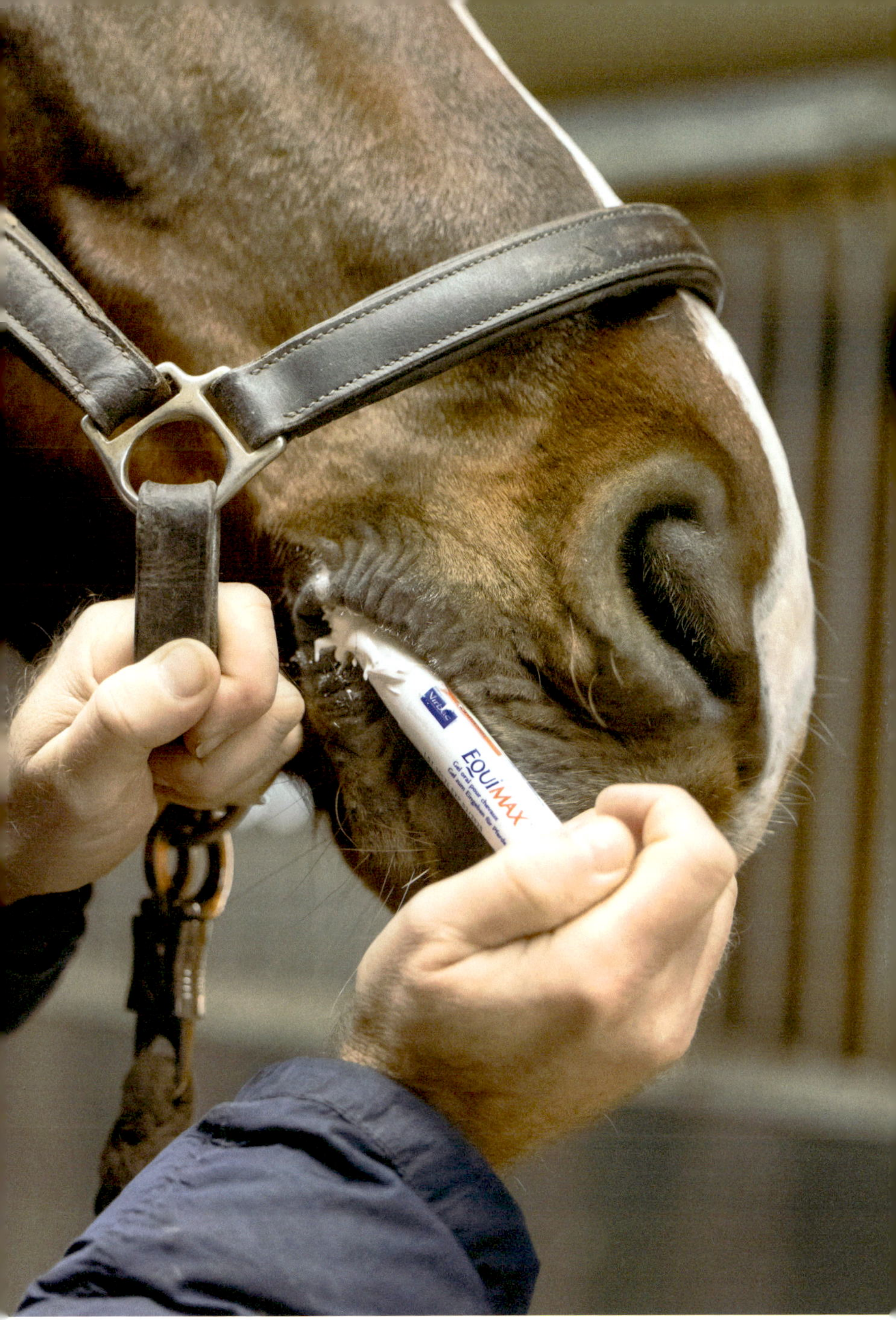

Würmer aller Art

Besonders wichtig bei der Prävention von Endoparasiten ist die Stall- und Weidehygiene.

22 Der Equidenpass

Ein Personalausweis fürs Pferd

Um dem Wunsch nach einem einheitlichen Identifizierungsdokument und der Registrierung für Equiden (Pferde, Ponys und Esel) innerhalb der EU nachzukommen, werden inzwischen alle Tiere mit einem Mikrochip gekennzeichnet und müssen seit dem 1. Juli 2000 verpflichtend einen Equidenpass besitzen, der bei uns unter der Hoheit der Deutschen Reiterlichen Vereinigung (FN) ausgegeben wird. Pferdehalter müssen die Equidenpässe jederzeit vorlegen können, außerdem muss er bei einem Transport des Tieres mitgeführt werden. Pferde mit ausländischem Pass müssen in Deutschland bei der FN registriert werden, sofern sie zur Zucht oder im Sport eingesetzt werden sollen.

Umgekehrt ist der Equidenpass die Voraussetzung, um Pferde für die Teilnahme an internationalen Turnieren bei der FEI (Fédération Équestre International, siehe Kapitel 15) zu registrieren. Die Zuchtverbände stellen Pässe mit dunkelroten Schutzumschlag aus, die Pferdepässe der FN sind grün.

Das lebenslang gültige Dokument muss für jedes Pferd binnen sechs Monaten nach der Geburt beantragt werden. Der in zehn Abschnitte unterteilte Pferdepass enthält ein Diagramm, in dem neben dem Transponder-Code und der universellen Lebensnummer (UELN) sämtliche äußeren Merkmale (Abzeichen, Wirbel, Fellfarbe und so weiter) des Tieres – meist von einem Tierarzt – graphisch eingetragen werden, außerdem der Name, das Geschlecht und die Rasse des Tieres, der Name des Eigentümers und des Züchters (soweit bekannt), Besitzwechsel, eventuell Angaben zur Abstammung, vor allem aber auch die Aufzeichnungen der Impfungen und Gesundheitskontrollen. Zudem muss in Abschnitt 2 vermerkt werden, ob das Pferd zur Lebensmittelgewinnung oder »nicht zur Schlachtung« bestimmt ist, was häufig Auswirkungen auf die Tierarzneimittelwahl hat. Ist ein Pferd zur Schlachtung bestimmt, müssen auch sämtliche Medikamentengaben im Equidenpass dokumentiert werden.

Eigentumsnachweis
Zusätzlich zum Equidenpass stellen die Zuchtverbände, beziehungsweise die FN Eigentumsurkunden mit allen wichtigen Identifizierungsinformationen zum Pferd aus, die denjenigen zustehen, die das Eigentum am jeweiligen Pferd erworben haben und daher getrennt vom Equidenpass verwahrt werden sollten.

23 Farbige Schleifen

Die Bedeutung bunter Schleifen im Pferdeschweif

Ist in den Schweif eines Pferdes eine rote Schleife eingeflochten, dient dieses optische Signal auf Reitturnieren, Pferdemessen, Festumzügen, Fuchsjagden und anderen Veranstaltungen, auf denen sich viele Pferde tummeln, nicht etwa der Zierde, sondern warnt die anderen Reiter, dass dieses Pferd schon mal überraschend auskeilt, wenn ihm ein anderes Pferd zu nahe kommt. Oft handelt es sich um junge, unerfahrene Pferde, die im Gedränge noch leicht in Panik geraten, oder um Pferde, die zu aggressivem Verhalten neigen, wenn sie sich in ihrer Individualdistanz verletzt fühlen. Um Unfälle und Verletzungen für Reiter und Pferd zu vermeiden, sollte man hier also unbedingt mindestens eine Pferdelänge Abstand halten und auf einem Pferd, das zum unvermittelten Austreten neigt, beim Ausreiten oder beim Reiten in einer Gruppe am besten das Schlusslicht bilden. Kommt es trotz der roten Schleife zu einem Schadensfall, wird dem Geschädigten vom Gericht im Zweifel eine Teilschuld am Unfallgeschehen angelastet. Ist jedoch ein Pferd für sein loses Hinterbein bekannt und trägt keine rote Schleife, kann dies die Schadensersatzansprüche der Unfallgegner ganz enorm in die Höhe treiben, außerdem riskiert man bei einem Schaden, den Versicherungsschutz wegen Fahrlässigkeit zu verlieren.

Neben der roten Schleife, die sicherlich am bekanntesten ist, gibt es noch andere Farben, die ebenfalls international gebräuchlich sind:

Blaue Schleife: Achtung, Hengst! Haltet mit rossigen Stuten Abstand.

Lila Schleife: rossige, launische Stute oder: Hier droht Zickenalarm!

Gelbe Schleife: aggressiver Wallach oder Hengst – bitte ebenfalls Abstand halten.

Grüne Schleife: unerfahrenes, junges Pferd – bitte Rücksicht auf den Grünschnabel nehmen …

Weiße Schleife: Das Pferd steht zum Verkauf. Bei Interesse bitte melden.

Bunte Schleifen
lassen sich aus Geschenkband ganz einfach selbst basteln. Sie sollten so groß sein, dass man sie bereits aus einiger Entfernung gut erkennen kann.

24 Fellabzeichen

Von Aalstrichen, Zebrastreifen und Laternen

Weiße Abzeichen am Kopf und an den Beinen der Pferd sind so individuell wie ein Fingerabdruck und werden daher auch im Equidenpass eingezeichnet (siehe Kapitel 22). Dabei handelt es sich um Stellen im Fell, an denen keine Pigmente gebildet werden und die daher weiß bleiben. Am Pferdekopf können sie zum Beispiel die Form einer winzigen Flocke haben, eines schmalen Strichs von der Stirn Richtung Nase, der Blesse genannt wird, oder einer fast den ganzen Pferdekopf ausfüllenden und über mindestens ein Auge reichenden sogenannten Laterne. Ist nur auf der Oberlippe ein weißer Fleck, heißt dieser Schnippe, sind Ober- und Unterlippe weiß, spricht man von einem Mehlmaul.

Insgesamt unterscheidet die FN 20 Abzeichen am Kopf, die auch kombiniert auftreten können, und zwölf Abzeichen an den Extremitäten, je nachdem wie hoch das Pferd an einem oder an bis zu allen vier Beinen weiß gestiefelt ist. Auch das sogenannte Krötenmaul oder Krötenaugen, bei denen sich um Nüstern, Maul oder Augen pigmentlose, rosafarbene Flecken auf der dunklen Haut abheben, gehören zu den Abzeichen. Darüber hinaus können weiße Abzeichen auch am Bauch auftreten, und sogar die Hufe können je nach Pigmentierung der Haut in der Farbe variieren und hell oder dunkel und sogar gestreift sein. Die Häufigkeit und die Größe der Abzeichen hängt mit der Grundfarbe des Pferdes zusammen, wobei Füchse, genetisch bedingt, die meisten weißen Stellen aufweisen.

Haben helle Pferde, wie zum Beispiel die Fjordpferde, einen dunklen Aalstrich auf dem Rücken, der über dem Rückgrat verläuft und die Kontur des Tieres besser erkennen lässt, handelt es sich vorwiegend um Rassen, die dem Erscheinungsbild der ursprünglichen Wildpferde immer noch recht nahe kommen. Er wird daher wie die der Tarnung dienenden Zebrastreifen an Pferdebeinen mancher urtypischen Rassen wie Fjordpferden oder Koniks auch Wildfarbigkeitsabzeichen genannt.

Zebrastreifen

Sieht man im Sommer Pferde im Zebralook auf der Weide (entweder in dünne Zebrastreifendecken gehüllt oder mit weiß aufgemalten Streifen), dient das dem Schutz vor lästigen Insekten, denn Wissenschaftler haben herausgefunden, dass afrikanische Zebras dank ihrer Streifen besonders gut vor den üblen Plagegeistern geschützt sind und sich dieses Prinzip auch auf unsere Pferde übertragen lässt.

25 Fellfarben

Ein gutes Pferd hat keine Farbe

Als der Mensch vor etwa 4.000 Jahren begann, Wildpferde zu domestizieren, interessierte er sich offensichtlich von Anfang an für eine selektive Farbzucht, denn die Nachkommen der ursprünglich gut getarnten falbfarbenen bis mausgrauen und tigerscheckigen Herden in den Steppen West- und Osteuropas wiesen schnell eine Vielzahl neuer Farbvarianten auf.

Fürs Erste unterscheidet man zwischen den Farben des Fells und denen des Langhaars (also Mähne und Schweif) und zunächst einmal grob zwischen den Grundfarben schwarz (Rappen), braun (Fell bräunlich, Langhaar schwarz), Fuchs (Fell rötlich, bräunlich, gelblich mit gleichfarbigem oder hellerem Langhaar) und Schimmel (echte und stichelhaarige Schimmel). Die Fellfarben können sich im Laufe eines Pferdelebens stark verändern, denn vor allem Schimmel werden meist dunkel geboren und bekommen mit den Jahren ein immer weißeres Fell. Das Fell der Rappen kann im Sommer durch Sonneneinstrahlung so stark ausbleichen, dass sie kaum noch von dunkelbraunen Pferden zu unterscheiden sind. Umgekehrt gibt es so dunkle Kohlfüchse, dass sie sich von Rappen nur genetisch unterscheiden lassen.

Tatsächlich ist die enorme Zahl an Varianten der Grundfarben dem Zusammenspiel unterschiedlichster Gene zu verdanken, daher würde allein die Aufzählung der Bezeichnungen beziehungsweise des Genotyps der Fellfarben hier den Rahmen sprengen. Zu den Füchsen zählen zum Beispiel auch die Falben mit sandfarbenem, grauem oder braunem Fell und dunklem Langhaar, die Palominos (siehe Kapitel 45) und die Lichtfüchse. Während bei der Zucht einiger Rassen wie dem Friesenpferd nur eine einzige Fellfarbe gewollt ist, ist bei anderen Rassen ein ganzes Spektrum unterschiedlicher Farben erwünscht. Doch egal, ob Schimmel, Schecke oder Brauner – sämtliche Färbungen entstehen durch lediglich zwei Farbstoffe (Eumelanin = schwarz und Phäomelanin = rot), die im Fell vorkommen.

Schecken
haben aufgrund fehlender Pigmente in bestimmten Hautbereichen neben einer dunkleren Grundfarbe klar umgrenzte weiße Flecken und werden grob in Plattenschecken und Tigerschecken (dunkle Punkte auf weißem Grund oder weiße Punkte auf dunklem Fell) unterschieden.

26 Fjordpferde

Der Punker unter den Pferden

Ob Fjord, Fjordpferd oder Norweger – das aus »Vestland«, den westlichen Distrikten Norwegens, kommende Pferd, sieht den Przewalskis sehr ähnlich. Typisch für die Rasse sind der Aalstrich auf dem Rücken und Zebrastreifen an den Beinen – die Zeichnung der Wildpferde. Ein weiteres Merkmal für diese nordische Rasse ist die zweifarbige Stehmähne, aus der viele verschiedene Frisuren gezaubert werden können. Die schwarzen Haare in der Mitte sollten dabei ein wenig länger als die Außenseiten bleiben und gemeinsam mit dem Aalstrich den kräftigen Hals und die Oberlinie betonen. Es gibt fünf Falb-Variationen: Braunfalben, Graufalben, Rotfalben, Gelbfalben und Weißfalben.

Das ursprüngliche Fjordpferd entstand aus den Pferden der Wikinger, die auf ihren Raubzügen auch keltische (heute England und Irland) Pferde erbeuteten und mit ihren eigenen Pferden kreuzten. Die genaue »Rassemischung« von damals ist bis heute immer noch nicht entschlüsselt. Eine eigenes Zuchtbuch wurde 1864 eingeführt und die Rasse danach in Reinzucht weitergezüchtet. Alle reinblütigen Fjordpferde lassen sich auf den Zuchthengst Njal zurückführen, der zur Wende des 20. Jahrhunderts als einziger Zuchthengst im Einsatz war. Er begründete mit seinen Söhnen Bergfast, Hakon Jarl und Øjarblakken die wichtigsten Zuchtbuchlinien.

Das Kleinpferd ist durch seinen gutmütigen Charakter und seine kräftige Statur sowohl für Kinder, als auch für Erwachsene ein ideales Reitpferd. Auch vor der Kutsche geben die dem Haflinger ähnlichen Robustpferde ein sehr gutes Bild ab. Mit etwa 1,35 bis 1,50 Metern Stockmaß sind die Allrounder meistens im Freizeitsektor zu finden. Ähnlich wie ihre nordischen Kollegen zeichnen sich Fjordpferde durch ihre Trittsicherheit aus und leben am liebsten naturnah im Herdenverband. Aufgrund ihrer Herkunft sind sie wetterunempfindlich und leichtfuttrig. Wer einen tollen Allrounder für die ganze Familie sucht, ist mit dieser Rasse auf der sicheren Seite.

Die zweifarbige Mähne
der Fjordpferde lässt Hobbyfriseuren viel kreativen Spielraum. Ob das Deckhaar stehend oder hängend getragen wird, bleibt natürlich ganz dem Geschmack des Besitzers überlassen.

27 Freundschaften

Doppeltes Glück für Tierbesitzer

Beide haben Fell und vier Beine – doch Hunde und Pferde unterscheiden sich in ganz wesentlichen Punkten: Hunde sind Jäger und Pferde sind Beutetiere. Kein ganz so optimaler Beginn für eine Freundschaft. Als hochsoziale Wesen sind beide Tiere natürlich in der Lage, die Körpersprache des jeweils anderen zu lernen und sie einzuordnen. Ein gutes Training der Vierbeiner kann dazu führen, dass nicht nur der Stallalltag, sondern auch gemeinsame Aktivitäten wie ein Ausritt in die Natur wahr werden können.

Optimal ist es natürlich, wenn ein Hund bereits im Welpenalter Kontakt zu Pferden hat und diese im besten Fall zuvor keine schlechten Erfahrungen mit Hunden gemacht haben. Der Kontakt sollte anfangs immer unter Aufsicht stattfinden und durch den Besitzer angeleitet werden. Einige Hundeschulen bieten auch spezielle »Hund und Pferd«-Kurse an, in denen die Basis für ein sicheres Zusammenleben entsteht. Weder sollte ein Hund das Pferd jagen, noch sollte das Pferd den Hund treten und damit unter Umständen schwer verletzen.

Vom Leichten zum Schweren heißt es beim gemeinsamen Training, und bevor es raus in die Natur geht, sollten alle Grundkommandos auf einem Platz oder in der Halle geübt und gefestigt werden, um böse Überraschungen zu vermeiden. Wer Ehrgeiz entwickelt, sollte sich die die Disziplin »Horse & Dog«-Trail mal genauer anschauen. Hier absolvieren Sie als Dreierteam gemeinsam einen Parcours und stärken Bindung und Vertrauen.

Italienische Forscher fanden bei der Auswertung von Videos heraus, dass die Tiere sogar miteinander spielen und Rapid Facial Mimicry (RFM) nutzen, um miteinander zu interagieren. Unter RFM versteht man eine emotionale Ansteckung. Zum Beispiel ein unwillkürliches Lächeln, wenn man selbst angelächelt wird. Dieses Verhalten wurde auch bei Pferden und Hunden beobachtet und ermöglicht ihnen eine nonverbale Kommunikation.

Auf den Hund gekommen
Tiere machen es uns vor: Freundschaft kennt weder Klasse, noch Rasse!

28 Friesen

Die schwarzen Perlen der Niederlande

Friesenpferde sind lackschwarze, etwa 1,60 Meter große Pferde mit starkem Kötenbehang an den Beinen. Sie haben glänzendes Fell und eine wallende Mähne. Mit ihrer majestätischen Erscheinung werden sie gern für Shows, Messen und Paraden genutzt und glänzen dort durch ihre Optik genauso wie durch ihre Lernbereitschaft. Ursprünglich stammen sie aus Friesland, einer Region in den Niederlanden, und wurden dort vor allem als Arbeitspferde eingesetzt.

Die Geschichte der Friesenpferde reicht bis ins Mittelalter zurück. Schon damals wurden sie für ihre Kraft und Ausdauer geschätzt und waren bei Rittern als Kriegspferde sehr beliebt. Im Laufe der Jahrhunderte wurden sie jedoch auch für andere Zwecke eingesetzt, wie zum Beispiel für den Transport von Waren oder als Zugpferde für Kutschen. Durch ihren hoch angesetzten Hals fällt es diesen Pferden schwer, den Rücken aufzuwölben und sich nach vorwärtsabwärts zu dehnen. Auch heute noch gibt es deswegen unter Reitern den Running Gag, dass man Friesen nicht reiten, sondern fahren sollte.

Die schwarzen Perlen, wie sie oft genannt werden, sind sehr elegant. Sie zeichnen sich durch ihren stolzen Gang und ihre hohe Knieaktion aus, was sie zu idealen Kandidaten für den Dressursport macht. Durch ihr ruhiges und freundliches Wesen sind sie zudem beliebte Freizeitpferde.

Seit 1879 wird das Friesch-Paarden Stamboek, das offizielle Stammbuch der Rasse, geführt. Da sie aus einer Inzucht ohne Fremdrassenblut stammen, gibt es einige Erkrankungen, die recht »typisch« für Friesen sind. Dazu gehört zum einen eine Magenentleerungsstörung, bei der sich Futterbälle im Magen bilden, die sich nur mit medizinischer Hilfe auflösen lassen und unter der einige Pferde dieser Rasse leiden. Außerdem das CPL, ein chronisch progressives Lymphödem, welches typisch für Pferde mit viel Behang wie Friesen oder Kaltblüter ist.

Schwarze Schönheit
Damit der Friese einen Eintrag im Zuchtbuch erhält, darf er keine weißen Abzeichen haben.

29 Frisuren

Du hast die Haare schön, du hast die Haare schön

Auch Pferde haben von Natur aus unterschiedlich dickes, langes oder gewelltes Langhaar. Wer nicht möchte, dass sein Pferd aussieht wie ein Zausel, kümmert sich regelmäßig um Mähne und Schweif. Neben der gewohnheitsmäßigen Pflege durch Bürsten und das »Verlesen« der Schweifhaare, gehört natürlich auch ein gekonnter Schnitt zum Beautyprogramm.

Frisuren beim Pferd sind nicht nur modisches Statement, sondern dienen auch einem praktischem Zweck. Das sogenannte Einflechten, bei dem entweder ein oder mehrere Zöpfe entstehen, verhindert bei langem Haar, dass dieses verfilzt. Im Sommer schwitzt das Pferd weniger unter den Zöpfen, als unter einer offenen Mähne. Auch beim Transport oder bei einigen Reitweisen wie der Working Equitation wird der Schweif häufig zu einem Zopf geflochten, um zu verhindern, dass sich das Pferd mit den Haaren verfängt, sich diese sogar ausreißt oder bei starker Hankenbeugung darauf tritt.

Eine weitere beliebte Maßnahme bei Pferden ist das Schneiden des Mähnenhaars in verschiedenen Längen. Dabei wird das Haar gekürzt, um ein bestimmtes Aussehen zu erzielen. So wird beim Fjordpferd zum Beispiel die Form des Halses durch die Stehmähne betont und ist quasi das Markenzeichen dieser Rasse.

Während bei einer Springprüfung die Mähne häufig offen getragen wird, ist es bei Dressurpferden auf dem Turnier Standard, dass sie eingeflochten wird. Damit es am Ende schick aussieht, sollte das Einflechten oder Einnähen und der zum Pferdetyp passende Abstand der Zöpfe ohne Zeitdruck geübt werden. Da es einige Zeit in Anspruch nehmen kann, flechten viele Reiter ihr Pferd schon am Abend vor dem Turnier ein.

Welche Frisur Sie für Ihr Pferd wählen, hängt von vielen unterschiedlichen Faktoren ab und sollte immer als Priorität haben , dass das Pferd keine gesundheitlichen Nachteile davon hat. Denn wie sagt man: Schönheit liegt im Auge des Betrachters.

Grenzen
Da sie zu den Sinnesorganen gehören, ist das Abschneiden von Tasthaaren 2021 von der FEI verboten worden.

30 Futterumstellungen

Wenn es in der Kantine jeden Tag das Gleiche gibt

Eine Futterumstellung kann dazu beitragen, die Gesundheit und das Wohlbefinden des Pferdes zu erhalten oder sogar zu verbessern. Es gibt verschiedene Gründe, warum eine Veränderung des täglichen Menüs notwendig sein kann, wie zum Beispiel eine Steigerung der Trainingsintensität, eine Gewichtszu- oder -abnahme des Pferdes oder andere, gesundheitliche Bedürfnisse.

Bevor eine Futterumstellung durchgeführt wird, ist es wichtig, den aktuellen Futterplan des Pferdes zu analysieren. Dabei sollten Faktoren wie die Art und Menge des Futters, die Häufigkeit der Fütterung und die Nährstoffzusammensetzung berücksichtigt werden. Eine schrittweise Umstellung des Futters ist in der Regel empfehlenswert, um Magen-Darm-Probleme und Verdauungsstörungen zu vermeiden. Dabei wird das neue Futter langsam in den bestehenden Futterplan integriert, indem die Menge des neuen Futters allmählich erhöht und die Menge des alten Futters entsprechend reduziert wird. Die meisten Futterzusatzmittel und Kräuter können ohne eine Eingewöhnung und kurweise gegeben werden.

Sollten Sie mit Ihrem Pferd für einen Lehrgang, ein Turnier oder einen Urlaub den Heimatstall verlassen, dann nehmen Sie eine ausreichende Menge Rau- und Kraftfutter mit, damit Ihr Pferd keine abrupte Umstellung hat. Allein ein Heuwechsel kann zu Kotwasser und Koliken führen. Deswegen sollten Sie den Speiseplan Ihres Vierbeiners nicht für einen Kurztrip ändern. Ziehen Sie in einen anderen Stall um, bietet sich eine sukzessive Umstellung wie oben beschrieben an, um das Immunsystem und den Verdauungstrakt des Tieres nicht unnötig zu belasten. Für eine Berechnung der Ration und eine Beratung zu den einzelnen Futtermitteln gibt es spezielle Pferdefütterungsexperten, die Ihnen beratend zur Seite stehen sollten und die Ration Ihres Pferdes individuell berechnen, wenn Sie eine Futterumstellung planen. Auch für Pferdebetriebe lohnt sich eine solche Beratung, um die Kundenpferde optimal zu betreuen.

Empfindlicher Magen
Montags Pommes, Dienstags Pizza, Mittwochs ein Butterbrot – für Pferde ist es gesünder, wenn es jeden Tag das gleiche Futter gibt.

31 Gangpferde

Tölt, Pass, Paso, Marcha, Foxtrott und Co.

Als 1958 erstmals die Immenhof-Filme ausgestrahlt werden, löst das einen wahren Isländer-Hype aus, denn die rasant töltenden kleinen Pferde, die sogar von Erwachsenen geritten werden, waren bis dahin bei uns fast gänzlich unbekannt. Die Fähigkeit zu Gangarten, die von Schritt, Trab und Galopp abweichen, ist genetisch bedingt, kann aber zusätzlich von äußeren Faktoren (beispielsweise Bodenbeschaffenheit) abhängen und bis zu einem gewissen Grad antrainiert werden.

Tölt ist, wie praktisch alle Sondergangarten außer Pass, eine dem Schritt ähnliche Viertaktgangart, die zum Teil seit Jahrhunderten unter anderem bei Isländern, töltenden Trabern, Paso Peruanos und Paso Finos selektiv gezüchtet wird, um Reitern dank der fließenden, schwunglosen Bewegung einen möglichst ruhigen, erschütterungsfreien Sitz zu ermöglichen. Auch die Marcha der brasilianischen Mangalarga Marchadores ist dem Tölt sehr ähnlich. Der Walk der Tennessee Walking Horses, die früher in Amerika als bequeme Arbeitspferde für Plantagenbesitzer gezüchtet wurden, ist ebenfalls mit dem Tölt verwandt, allerdings sind dabei immer drei Hufe am Boden. Eine der ältesten amerikanischen Pferderassen – der Missouri Foxtrotter – war aufgrund seines ultrabequemen Foxtrotts (die Pferde gehen vorn Schritt und traben hinten) bei Siedlern, Ranchern und Cowboys sehr beliebt, die manchmal tagelang im Sattel saßen.

Beim Passgang führt eine Lateralverschiebung zu einem Zweitakt und zunächst einmal zu einer Art Schaukelgang (umgangssprachlich Schweinepass genannt), der sich aber bei Isländern bis hin zum Rennpass steigern lässt. Tatsächlich wurde die Tölt und Pass produzierende Mutation im Gen DMRT3 zum ersten Mal in englischen Pferdefossilien aus der Zeit um 850 nachgewiesen und so der Ursprung der Gangpferde im mittelalterlichen England vermutet. Wahrscheinlich nahmen die Wikinger diese Pferde mit nach Skandinavien und züchteten sie dort weiter.

Speed- oder Rennpass

In Ausnahmefällen können Islandpferde »im fünften Gang« auf kurzen Strecken Höchstgeschwindigkeiten von bis zu 50 Stundenkilometer erreichen, wobei uns die Reiterin auf dem Foto ihren Isländer gerade im Tölt vorstellt.

32 Die Geburt

Wenn das lange Warten ein Ende hat

Soll die Geburt im Stall vonstattengehen, sollte die tragende Stute mindestens sechs Wochen vor dem Abfohlen in eine geräumige, saubere und ruhige Abfohlbox (möglichst mit Videoüberwachung) umgezogen sein, um ihr kurz vor der Geburt unnötigen Stress zu ersparen, aber auch, damit sie noch genügend Abwehrstoffe gegen die fremden Keime bilden kann, die das Fohlen dann mit der ersten Milch (Kolostral- oder Biestmilch, siehe Kapitel 55) quasi als Schutzschild aufnimmt.

Natürlich braucht die werdende Mutter weiterhin tägliche Bewegung an der frischen Luft, denn das Fohlen wird bis zur Geburt über ihre Blutbahn mit Sauerstoff versorgt. Kurz vor der Geburt schwillt das Gesäuge bereits stark an und meist bilden sich deswegen Harztropfen am Euter, die verhindern, dass die so wichtige erste Milch verloren geht. Bei den erstgebärenden Maidenstuten sind manchmal die Anzeichen für die unmittelbar bevorstehende Geburt nur schwer zu erkennen, aber häufig werden die Stuten unruhig und fallen rechts und links der Schweifrübe ein, weil die Beckenbänder erschlaffen.

Setzen die Presswehen ein, dauert die eigentliche Geburt meist keine halbe Stunde, denn unmittelbar nach dem Platzen der Fruchtblase rutscht mit jeder weiteren Wehe das Pferdekind mit Vorderbeinen und Kopf voran heraus. Sollte dabei die Eihaut nicht reißen, darf man sanft nachhelfen, ansonsten lässt man die Beiden am besten erst mal in Ruhe. Steht die Mutter auf, reißt nämlich spätestens dann die Nabelschnur, wobei der Nabel sicherheitshalber mit Jod desinfiziert werden sollte. Auch das Trockenlegen und die erste Fellpflege zum Anregen von Atmung und Kreislauf übernimmt in der Regel die Stute selbst. Innerhalb der ersten Stunde sollte das Fohlen dann wackelig auf die Beine kommen und die Milchbar finden. Nach dem Abgang der Nachgeburt muss die Plazenta auf Vollständigkeit geprüft werden, um Komplikationen für die Stute zu vermeiden.

Geburtsmeldesysteme

Durch Stallkameras mit Nachtsichtfunktion lassen sich Stuten bequem von zu Hause aus beobachten, bis sogenannte Geburtsmelder (mit Sendern am Bauch- oder Brustgurt, am Halfter oder an die Schamlippe angenäht) zum Beispiel über das Handy Alarm schlagen, weil sich die Stuten zur Geburt flach auf die Seite legen, vermehrt schwitzen und sich die Vulva stark weitet.

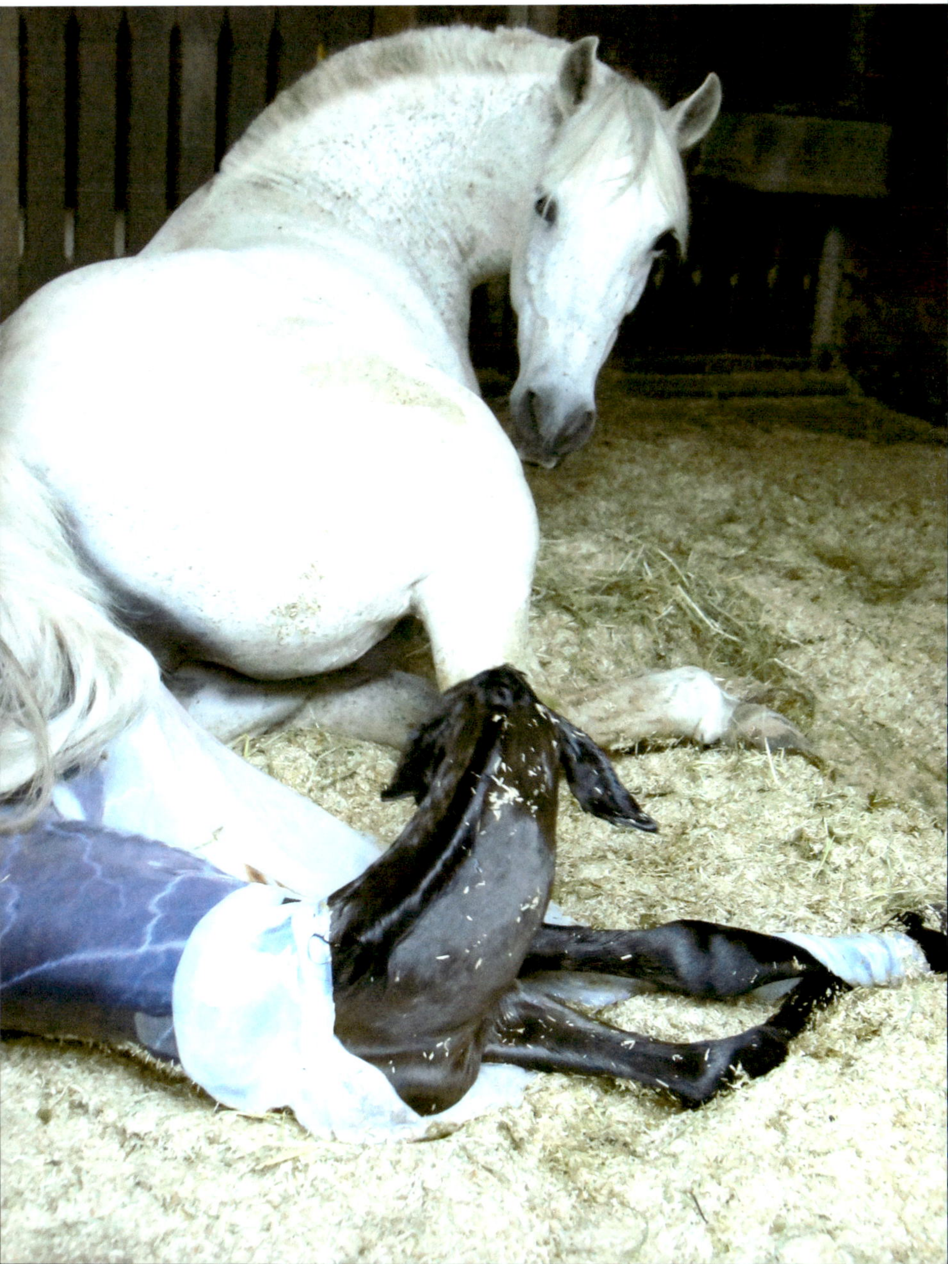

33 Gewährs- und Sachmängel

Gewährsmängel beim Pferdekauf

Mit dem veränderten Stellenwert des Pferdes bei der Käuferschaft hat sich auch der Pferdehandel stark verändert. Tatsächlich galt in Deutschland nämlich bis zum Jahr 2002 die Kaiserliche Verordnung für den Viehhandel aus dem Jahr 1899, in der sechs Gewährsmängel (Dummkoller, Periodische Augenentzündung (Mondblindheit), Rotz, Kehlkopfpfeifen, Koppen und Dämpfigkeit) aufgelistet wurden, die dem Pferdekäufer das Recht einräumten, das Tier bei Auftreten dieser Krankheiten innerhalb von sechs Wochen zu Lasten des Verkäufers zurückzugeben.

Rotz gilt seit den 1950er Jahren in Deutschland als ausgerottet. Kehlkopfpfeifen kann mit Mitteln der modernen Tiermedizin heute häufig behandelt werden. Koppen gilt inzwischen als Verhaltensstörung. Dummkoller, Periodische Augenentzündung und Dämpfigkeit sind immer noch meist unheilbare Krankheiten, die zumindest den Wert des Tieres erheblich beeinflussen.

Besiegelte früher der Handschlag einen Pferdekauf nach dem Motto »gekauft wie gesehen«, sofern das Pferd eben keinen der sechs Gewährsmängel aufwies, verpflichtet nun das aktuelle Kaufrecht, demzufolge Pferde als Sachen gelten, zur Anzeige von Sachmängeln, also sämtlicher Erkrankungen, Mängel und Eigenschaften, die die im Kaufvertrag zugesicherte Nutzung des Pferdes negativ beeinflussen können. Wichtig ist daher ein gut ausgearbeiteter, schriftlicher Kaufvertrag, der auch Beschaffenheitsvereinbarungen und Gewährleistungsrechte auflistet. Dank der Gewährleistungspflicht kann der Verkäufer nämlich für Sachmängel haftbar gemacht werden, die zum Zeitpunkt des Verkaufs bereits vorhanden, vielleicht aber noch nicht offensichtlich waren. Bei Fohlen, die vor Gericht als »neue Sache« eingestuft werden, läuft diese Gewährleistungsfrist beispielsweise erst nach zwei Jahren ab. Weist das Pferd erhebliche Mängel auf, hat der Käufer meist das Recht, vom Vertrag zurückzutreten.

Privatkauf

Wird ein Pferd privat verkauft, können Gewährleistungspflichten gestrichen und die Verjährung verkürzt werden, sofern sich Käufer und Verkäufer diesbezüglich einigen. Gewerbliche Pferdehändler versuchen daher gelegentlich der strengen Haftung des Verbrauchgüterkaufs zu entgehen, indem sie eine Privatperson als Verkäufer vorschieben.

34 Giftpflanzen

Die Dosis macht das Gift

Es gibt eine Vielzahl von Pflanzen, die für Pferde giftig sind. Diese Gewächse enthalten toxische Substanzen, die bei Pferden zu schweren gesundheitlichen Problemen führen können.

Das Jakobskreuzkraut ist eine der gefährlichsten Giftpflanzen für Pferde. Es enthält Pyrrolizidinalkaloide, die die Leber schädigen können. Wenn Pferde das Jakobskreuzkraut fressen, können sie Symptome wie Gewichtsverlust, Gelbsucht und Leberversagen entwickeln. Es ist wichtig, Weiden regelmäßig auf das Vorhandensein von Jakobskreuzkraut zu überprüfen und es zu entfernen, um Vergiftungen zu verhindern.

Weitere giftige Pflanzen sind Herbstzeitlose, Bergahorn, blauer Eisenhut, Goldregen, Robinie, Fingerhut und Oleander und viele mehr. Auch hierauf sollten Pferdehalter ihre Weiden regelmäßig überprüfen und diese entfernen. Ebenso ist es ratsam, sich mit einem Tierarzt oder Pferdeexperten über die verschiedenen Giftpflanzen in der Region zu beraten und Maßnahmen zu ergreifen, um Vergiftungen zu verhindern. Diese können sich durch verschiedene Symptome äußern: Kolik, Kreislaufstörungen, Herzrhythmusstörungen, Lähmungen, Muskelkrämpfe und chronische Leberschädigungen.

Auch beim Ausritt sollten Sie darauf achten, dass Ihr Pferd keine unbekannten Pflanzen aufnimmt, da teilwiese kleinste Mengen bereits toxisch sein können. Schon eine Handvoll Eiben-Nadeln, im Vorbeigehen genascht, können in wenigen Minuten zum Tode führen. Ebenso sollte im Stallumfeld keine chemische Schädlings- oder Unkrautbekämpfung genutzt werden. Auch Stallmitarbeiter, Gärtner und Kinder sollten über Giftpflanzen aufgeklärt werden, damit sie nicht versehentlich verfüttert werden.

Informieren Sie sofort einen Tierarzt, wenn Ihr Pferd doch etwas Giftiges gefressen hat, damit der Kreislauf des Pferdes stabilisiert wird. Je nach aufgenommener Menge kann die Vergiftung lebensbedrohlich sein oder eine Hufrehe auslösen.

Toxisches Heu

Auch getrocknet sind einige Pflanzen noch giftig. Achten Sie also auch beim Heu auf gute Qualität und Herkunft.

35 Haflinger

Der blonde Allrounder

Haflinger sind eine beliebte Pferderasse, die ihren Ursprung in den Alpen Südtirols hat. Sie sind bekannt für ihre charakteristische goldene Farbe und ihr freundliches Wesen. Haflinger sind mittelgroße Pferde mit einer Widerristhöhe von etwa 1,40 bis 1,50 Metern. Ihren Namen haben die hübschen Blonden vom Hochplateau Hafling bei Meran. Die Rasse wurde ursprünglich für die Arbeit in den Bergen gezüchtet und ist daher sehr robust und ausdauernd. Haflinger haben Kraft und die Fähigkeit, schwieriges Gelände zu bewältigen. Sie haben starke Beine und Hufe, die ihnen helfen, auf unebenem Boden sicher zu stehen und zu laufen. Durch ihre Trittsicherheit werden sie auch gern von der Bundeswehr für Einsätze im Gebirge genutzt.

Haflinger sind als Freizeitpferde sehr beliebt. Sie sind vielseitig veranlagt und können in verschiedenen Disziplinen eingesetzt werden. Im Dressur- und Springsport, im Westernreiten oder im Gelände. Auch vor der Kutsche geben Haflinger ein gutes Bild ab. Sie sind sehr lernwillig und intelligent, was sie zu idealen Partnern für Reiter aller Erfahrungsstufen macht. Ein weiterer Vorteil der Haflinger ist ihre hohe Lebenserwartung. Ihnen wird nachgesagt, dass sie bis ins hohe Alter gesund und aktiv bleiben. Haflinger sind auch bekannt für ihre gute Gesundheit und ihre geringe Anfälligkeit für Krankheiten. Am liebsten leben sie im Herdenverband im Offenstall.

Haflinger haben ein freundliches und sanftes Wesen und sind daher auch ideale Familienpferde. Sie sind geduldig und verlässlich und haben oft eine enge Bindung zu ihren Besitzern. Haflinger sind auch bekannt für ihre Zuverlässigkeit im Umgang mit Kindern und werden oft als Therapiepferde eingesetzt.

Fun Fact: Das erste geklonte Pferd der Welt ist »Prometea«, eine Haflingerstute aus 2003. Ihre Leihmutter ist gleichzeitig ihre Zwillingsschwester.

Kreuzungen
Um die ursprünglich etwas schwere Rasse sportlicher zu machen, wurden Araber mit Haflingern gekreuzt, ihre Nachkommen heißen Edelblut-Haflinger oder Arabo Haflinger.

36 Die Haut

Von Dingen, die unter die Haut gehen können

Als größtes Stoffwechsel- und Sinnesorgan des Pferdes speichert die Haut nicht nur rund ein Drittel des Blutes, sondern bedeckt je nach Größe des Tieres eine Fläche von fünf bis zehn Quadratmetern. Sie bildet ein Schutzschild gegen Umwelteinflüsse, leitet Giftstoffe beziehungsweise Stoffwechselprodukte aus und reguliert die Körpertemperatur. Die Haut besteht wie bei uns Menschen aus drei Schichten, die zusammen im Durchschnitt 3,8 Millimeter dick sind. Die dünne Oberhaut (Epidermis), mit Pigmenten hell oder dunkel gefärbt und mit Fell bedeckt, besteht aus einer Hornschicht, die sich ständig erneuern muss. Ist diese Erneuerung gestört, wird sie rau und schuppig und die Wundheilung verzögert sich. Die darunter liegende Lederhaut (Dermis) besteht überwiegend aus elastischem Bindegewebe, Blutgefäßen, Nerven, Talg- und Schweißdrüsen und den Haarfolikeln, aus denen das Fell wächst. Die recht dicke Unterhaut (Subcutis) besteht hauptsächlich aus Fettzellen, Bindegewebe, Muskulatur, Blutgefäßen und Nervenbahnen. Sie dient als Stoßdämpfer, Energiespeicher und kann dank der Muskulatur ganz gezielt in einem bestimmten Bereich zucken, wenn sich dort zum Beispiel eine Fliege niedergelassen hat, deren Landung zuvor von den mehreren hundert Nervenzellen pro Quadratzentimeter Haut erkannt worden ist.

Tatsächlich sollten wir uns beim Reiten oder bei der Pflege immer wieder vergegenwärtigen, wie sensibel die Pferdehaut ist. Leider ist sie auch sehr empfindlich und sollte täglich auf Verletzungen, Irritationen (ausgelöst zum Beispiel durch Parasiten, siehe Kapitel 20) und Krankheiten (Ekzeme, Pilze) überprüft werden. Letztere können unter anderem entstehen, wenn der natürliche Säureschutzmantel der Haut durch Pflegeprodukte oder übermäßiges Putzen gestört wird. Einen Großteil der Hautpflege übernehmen die Pferde eh schon selbst, indem sie sich wälzen, scheuern oder sich gegenseitig beknabbern und ablecken.

Haut- und Fellveränderungen
können nicht nur Reaktionen auf Umwelteinflüsse darstellen oder auf Stoffwechselstörungen hinweisen, sondern auch Symptome innerer Erkrankungen sein.

37 Die Hengstkörung

Zuchtzulassung nur nach Reifeprüfung

Mit dem Argument, dass Hengste deutlich mehr Nachkommen produzieren können als Stuten, selektieren die meisten Rassezuchtverbände die männlichen Tiere mittels Körung und Hengstleistungsprüfungen, bevor sie in die Hengstbücher der jeweiligen Rasse eingetragen werden, um dann für reichlich Nachkommen sorgen zu können.

Voraussetzung für die Körung ist eine Zuchtbescheinigung beziehungsweise ein Abstammungsnachweis, denn der zukünftige Beschäler muss einen lupenreinen Stammbaum nachweisen, um die Zucht seiner Rasse verbessern zu können. Fast alle Zuchtverbände streben nämlich eine Reinzucht an und lassen nur in Ausnahmefällen das Einkreuzen anderer Rassen zur Veredlung des eigenen Zuchtziels zu. Sie führen auch die Zuchtbücher (häufig in Hengstbuch I und II oder in Haupt- und Besondere Abteilung unterteilt), legen die Richtlinien für die Zulassung zur Körung nach ihren Rassemerkmalen fest, führen diese durch und veröffentlichen die Ergebnisse. Weist der junge Hengst keine gesundheitlichen Mängel auf, wird er bei der Körung von einer aus Zuchtrichtern bestehenden Körkommission im Stand, auf hartem Boden (Pflastermusterung) und meist im Freilauf (und je nach Rasse zusätzlich im Freispringen) »gemustert«, damit der Körperbau und das Gangbild bewertet werden können. Häufig dürfen nicht gekörte Hengste bei einer Nachkörung ein zweites Mal vorgestellt werden, um ihnen mehr Zeit für die körperliche Entwicklung zu geben.

Für die endgültige Zuchtzulassung nach der Körung werden von vielen Zuchtverbänden zusätzliche Hengstleistungsprüfungen verlangt, in denen auch die Rittigkeit und die Eignung als Sportpferd überprüft werden. In Deutschland sind das unter anderem die 14-tägige Veranlagungsprüfung, die 50-tägige Hengstleistungsprüfung und Sportprüfungen, wobei die Prüfungsanforderungen auf die Besonderheiten der verschiedenen Pferde- und Ponyrassen abgestimmt sind.

Die Suche nach dem richtigen Hengst

Auf der Suche nach der perfekten Anpaarung können sich Züchter beispielsweise bei den jeweiligen Zuchtverbänden, mittels des Zuchthengste-Rankings, im Jahrbuch Sport und Zucht (herausgegeben von der FN) und so weiter über die Körergebnisse und Vererber-Qualitäten der Hengste informieren.

38 Heu

Grundnahrungsmittel No. 1

Heu ist ein essenzieller Bestandteil der Pferdefütterung. Es handelt sich dabei um getrocknetes Gras oder Heupflanzen. Sie bieten eine Vielzahl von Vorteilen für Pferde. Heu ist reich an Rohfasern, die die natürliche Darmbewegung fördern und Verstopfungen und Verdauungsproblemen entgegenwirken. Heu kann auch dazu beitragen, Magengeschwüre zu verhindern, indem es eine kontinuierliche Futteraufnahme ermöglicht und die Magensäure neutralisiert.

Darüber hinaus enthält Heu wichtige Nährstoffe wie Proteine, Vitamine und Mineralien. Diese Nährstoffe sind wichtig für das Wachstum, die Reparatur und den Erhalt von Geweben und Organen im Körper des Pferdes, eben alle lebensnotwendigen Funktionen. Heu trägt dazu bei, den Energiebedarf von Pferden zu decken, insbesondere von Tieren, die nicht intensiv trainiert werden.

Bei der Auswahl von Heu für Pferde ist es wichtig, auf die Qualität zu achten. Es sollte frisch, duftend und frei von Schimmel oder Staub sein und eine angemessene Menge an Blättern enthalten. Die Grashalme sollten nicht zu grob oder zu hart sein, um eine gute Kauaktivität zu fördern. Neben dem Zeitpunkt der Ernte und der Schnitttiefe ist auch die Lagerung entscheidend für die Qualität.

Die Menge an Heu, die ein Pferd benötigt, hängt von verschiedenen Faktoren ab, wie zum Beispiel dem Gewicht, dem Alter, dem Aktivitätsniveau und dem Stoffwechsel des Tieres. Als Faustregel gilt, dass ein Pferd nicht weniger als 1,5 bis 2 Prozent seines Körpergewichts an Heu pro Tag fressen sollte. Je nach Art des Pferdes kann die Heuration um Stroh und Äste ergänzt werden. Ausschlaggebend ist hier die Appetitgrenze des Einzelpferdes. Es ist wichtig, das Gewicht des Tieres regelmäßig zu messen und die Futterration entsprechend anzupassen. Auch mit Heu ist ein Energieüberschuss möglich. In solchen Fällen hilft eine Rationsberechnung mit professioneller Hilfe. Gut ausgebildete Futterberater, die markenunabhängig arbeiten, findet man im Internet.

Die Fresspausen
zwischen den Heurationen sollten nicht länger als vier Stunden sein, da Pferde Dauerfresser sind.

39_Hobby Horsing

Vom Trendsport, sein Steckenpferd zu reiten

Sie buckeln nicht, gehen nicht durch, äppeln nicht, leben vorzugsweise in Kinderzimmern und für ihren Transport reicht eine lange Tasche, aus der dann der Kopf des Hobby Horses – auf Deutsch Steckenpferd – herausragt. Die Idee des Hobby Horsing als Sportart mit Turnieren und Meisterschaften wurde in den 2010er Jahren in Finnland geboren und hat sich dank Social Media von dort sehr schnell weltweit verbreitet. Inzwischen gibt es auch bei uns über 5.000 aktive Hobby Horser, denn vor allem Mädchen zwischen sechs und 18 Jahren, aber auch Erwachsene sind aufgrund einer Affinität zu echten Pferden für diese Mischung aus Gymnastik, Hochsprung, Tanz, Kreativität und Rollenspiel zu begeistern.

Mit dem Oberkörper ahmen sie die Bewegungen richtiger Reiter nach und halten das Steckenpferd, während ihre Beine die Bewegungsabläufe eines Pferdes imitieren. Meist werden auf diese Weise nachgelaufene und gesprungene Dressur- und Springprüfungen gezeigt und nicht selten sind die Hobby Horses zumindest bei Wettkämpfen dafür mit passendem Zaumzeug und verschiedenen Accessoires ausgestattet. Das Hobby Horsing erfordert eine gute Kondition und Beweglichkeit, gleichzeitig fördert es die Balance, die Körperspannung, die Sprungkraft und die Geschicklichkeit. Wer mit dem Hobby Horse Hindernisse überwindet, für die oft echte Sprünge naturgetreu nachgebaut werden, braucht nicht nur ein Holzpferd mit einem kurzen Stock, sondern auch Mut und eine gute Technik. Der Hobby-Horsing-Weltrekord im Springen liegt derzeit nämlich bei 1,41 Meter. In der Dressur werden die Bewegungsabläufe echter Pferde besonders akkurat nachgelaufen, möglichst elegant dargeboten und dafür sogar Küren und Grand-Prix-Prüfungen einstudiert. Das Gute dabei ist, dass man diesen Sport quasi überall ausüben und sogar im Wald über Stock und Stein springen kann, auch wenn das Ganze mit Reiten nichts zu tun hat.

FN goes Hobby Horsing
Während sich das Hobby Horsing noch darum bemüht, in Deutschland als offizielle Gymnastik-Sportart anerkannt zu werden, versucht die Deutsche Reiterliche Vereinigung die Steckenpferdreiter absurderweise bereits für sich zu vereinnahmen und in ihre Wettbewerbsordnung und in ihr Reitabzeichensystem mit aufzunehmen.

40 Hofreitschulen

Die Reitschulen der Adelshäuser

Die ersten Hofreitschulen wurden eingeführt, als sich Kaiser und Könige in der Renaissance in größeren Orten niederließen und dort ihre Residenzen und Adelshöfe errichteten. So wurde beispielsweise die Wiener Stallburg bereits 1565 gebaut, damit der adlige Nachwuchs, quasi im Elternhaus, von geschulten Reitmeistern in die hohe Kunst der Reiterei eingeführt werden konnte. Die damals an allen Hofreitschulen gelehrte Reitkunst bildete zum einen die Grundlage für die Nahkampfreiterei in den Kriegsschlachten, zum anderen gehörte sie mit dem Wunsch nach Harmonie zwischen Mensch und Pferd auch zum guten Ton in der Erziehung des Jungadels. Neben den fürstlichen Marställen, den prunkvollen Stallgebäuden zur Unterbringung der Pferde, die oft von adligen Beamten des Hofstaats geführt wurden, ließen die Monarchen sogenannte Reithäuser und Reitsäle als Vorläufer unserer modernen Reithallen bauen, in denen meist nicht nur Pferde und Reiternachwuchs ausgebildet wurden, sondern auch wie in der zwischen 1729 und 1735 errichteten Winterreitschule der Wiener Hofburg Reitdarbietungen und Hofbälle gefeiert wurden. Hier wurden die nach den an den Reitakademien gelehrten Techniken ausgebildeten Pferde auch an der Hand vorgestellt, vollführten Schulsprünge und wurden in Formationen geritten, die meist Karussell genannt und musikalisch untermalt wurden.

Diese Traditionen samt historischen Zäumungen und Kostümen lassen die wenigen verbliebenen, modernisierten, öffentlich gemachten und zum Teil inzwischen staatlich geführten Hofreitschulen Europas wieder aufleben und sind damit zu einer beliebten Touristenattraktion geworden: Die Spanische Hofreitschule in Wien (Österreich), die Real Escuela de Arte Ecuestre in Jerez d.l.F. (Spanien), die Escola de Arte Equestre in Lissabon (Portugal), der Cadre Noir in Saumur (Frankreich) und die Fürstliche Hofreitschule in Bückeburg (Deutschland).

Die fürstliche Hofreitschule Bückeburg
beherbergt auf dem Schlossgelände der Grafen zu Schaumburg-Lippe ein Marstallmuseum und eine Reitakademie und bietet im Reithaus den Besuch von öffentlichen Trainings, Vorführungen und Veranstaltungen an. Weitere Infos unter: www.hofreitschule.de.

41 Hufeisen

Man muss das Eisen schmieden, solange es heiß ist

Der Hufbeschlag ist eine wichtige Maßnahme zur Pflege und Gesunderhaltung der Pferdehufe. Dabei werden spezielle Eisen aus Stahl auf den Huf aufgenagelt, um ihn zu schützen und eventuelle Fehlstellungen zu korrigieren. Das Hufhorn wird durch den Hufschutz vor zu starker Abnutzung zum Beispiel durch Laufen auf Sand oder Asphalt geschützt. Zum anderen kann der Hufbeschlag aber auch dazu dienen, Fehlstellungen des Hufes zu korrigieren. Durch das Aufbringen speziell angepasster Hufeisen kann der Huf in die richtige Form gebracht und das Gangbild des Pferdes verbessert werden. Dies ist besonders wichtig bei Pferden mit Fehlstellungen oder chronischen Erkrankungen wie Hufrehe oder einer Arthrose.

Sollte das Horn so stark nachwachsen wie es abgenutzt wird und keine Stellungskorrektur notwendig sein, kann das Pferd auch barhuf, als ohne Hufschutz laufen. Viele sogenannte Barhufpferde benötigen aber im Gelände trotzdem Hufschuhe, die von einem Experten ausgesucht und angepasst werden sollten, damit es nicht zu Druckstellen kommt. Sie verhindern, dass das Pferd auf steinigem Untergrund fühlig läuft.

Die Hufbearbeitung sollte immer von erfahrenem Fachpersonal durchgeführt werden. Wichtig sind sehr gute Anatomiekenntnisse und regelmäßige Fortbildungen, da es immer wieder neue Materialien und Techniken gibt, einen Hufschutz anzubringen. Während früher Eisen immer aus Stahl geschmiedet wurden, nutzt man heute auch leichtere Eisen aus Aluminium oder Hufschutz, der nicht aufgenagelt, sondern geklebt wird.

Je nach Hufwachstum und Einsatzbereich des Pferdes kann ein neuer Beschlag alle sechs bis acht Wochen erforderlich sein. Dabei wird der alte Hufschutz entfernt, der Huf mit speziellen Messern und Raspeln bearbeitet und ein neuer Schutz angebracht. Die Hufbearbeitung ist ein regelmäßiger Kostenfaktor bei der Pferdehaltung und variiert je nach Anzahl der Eisen und Arbeitsaufwand.

Glücksbringer
Hufeisen sollen mit der Öffnung nach oben aufgehängt werden, damit sie das Glück auffangen und bewahren.

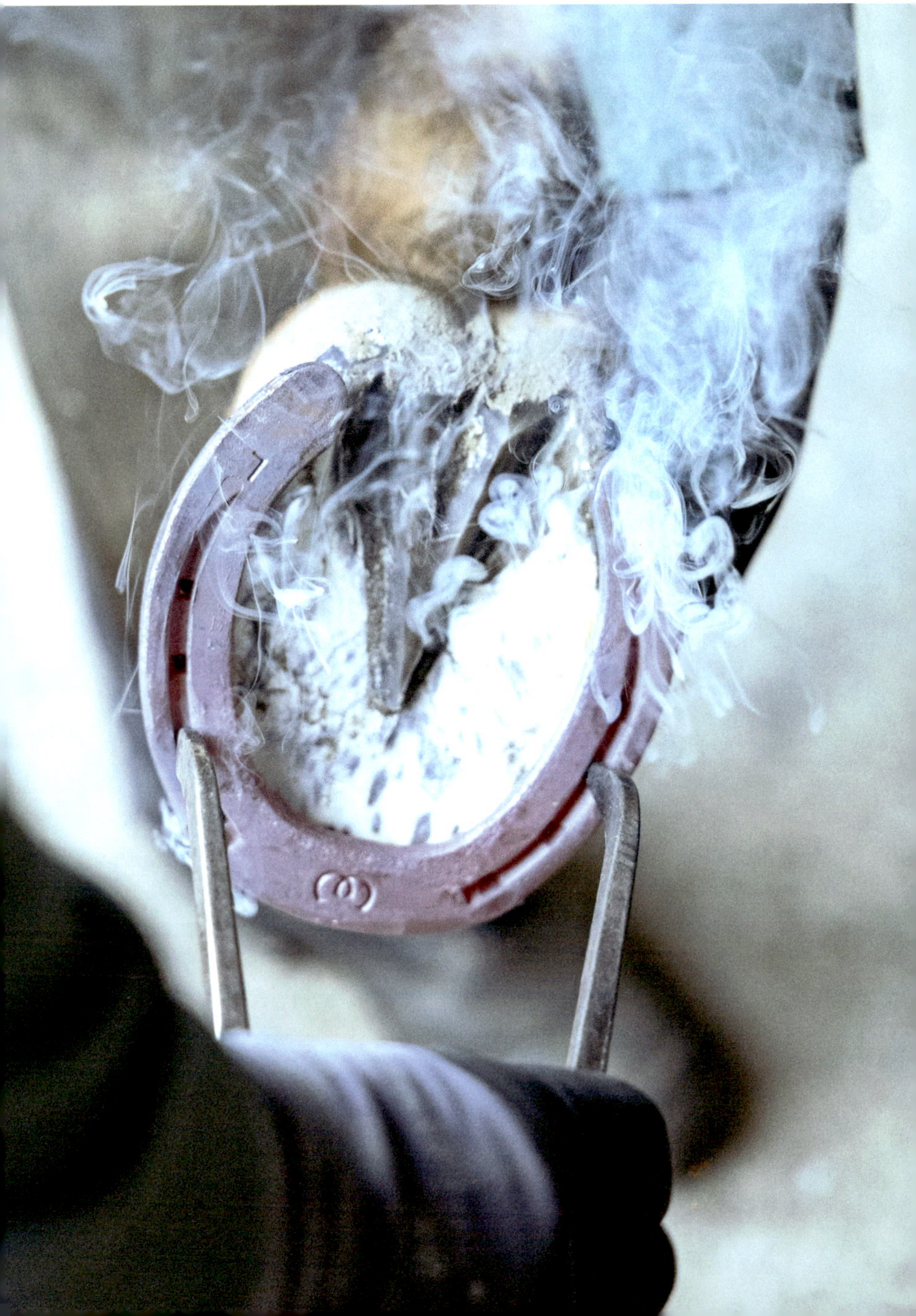

42 Hufschlagfiguren

Wenn Schlangenlinien erwünscht sind

Hufschlag- oder Bahnfiguren sind vordefinierte, zu Trainingszwecken entwickelte, international vereinheitlichte Lauflinien für Pferde, die Reiter schon allein für ein sicheres Miteinander in Reithallen oder auf Plätzen beherrschen sollten. Für die Orientierung beim Reiten der Bahnfiguren sorgen standardisierte Bahnpunkte in Form von Buchstaben und Zirkelpunkten. In den klassischen Dressurvierecken mit den Maßen 20 x 40 oder 20 x 60 Meter kennzeichnen die Buchstaben A und C die Mitte der kurzen, die Buchstaben E und B die der langen Seiten. Die sogenannten Wechselpunkte an den langen Seiten, sechs Meter von den Ecken entfernt, werden mit M, F, K und H bezeichnet. Im großen Viereck kommen pro Längsseite je zwei Buchstaben hinzu. Auf den Mittellinien liegen zwei beziehungsweise vier weitere Punkte. Um alle diese Buchstaben in der richtigen Reihenfolge auswendig zu lernen, gibt es verschiedene Merksätze und Eselsbrücken.

Grundsätzlich werden Hufschlagfiguren auf geraden und auf gebogenen Linien von Bahnpunkt zu Bahnpunkt geritten und dienen der Gymnastizierung, der Balance, der Durchlässigkeit und des Geraderichtens der Pferde (siehe Kapitel 90) sowie der Überprüfung der korrekten Hilfengebung und Einwirkung des Reiters. Schließlich sollte, egal in welcher Gangart, ein »Durch die ganze Bahn wechseln« auf einer wirklich geraden Linie zwischen den beiden Wechselpunkten erfolgen, ein »Schlangenlinien durch die ganze Bahn, vier Bögen« möglichst in gleich großen Bögen durch das Viereck führen und ein »Zirkel« oder eine »Volte« wirklich rund sein. Die vielen verschiedenen Bahnfiguren lassen sich je nach Ausbildungsstand des Pferdes in allen Gangarten, aber auch zum Aufwärmen, für das Training von Tempiwechseln und sogar bei der Arbeit vom Boden aus beziehungsweise »an der Hand« kreativ nutzen, kombinieren und für das Reiten einer eigenen Kür natürlich auch abwandeln.

LPO
Hufschlagfiguren sind auch Bestandteil der Dressurprüfungen der unterschiedlichen Leistungsklassen und können genau wie diese und die Bahnpunkte beispielsweise in der von der FN herausgegebenen Leistungsprüfungsordnung (LPO) nachgelesen werden.

43 Husten

Mit Volldampf zum gesunden Pferd

In den letzten Jahren gibt es immer mehr Pferde mit Husten oder einer erhöhten Atemwegsfrequenz. Diese sollte eigentlich bei acht bis 16 Atemzügen pro Minute liegen. Ist der Wert deutlich höher, ist das häufig ein Indiz für ein Equines Asthma. Inzwischen geht man davon aus, dass unfassbare 80 Prozent der Pferde hiervon betroffen sind. Grund dafür sind verschiedene Faktoren, wie mangelnde Bewegung im Galopp, staubiges und schimmelpilzbelastetes Heu und falsches Stallmanagement wie zum Beispiel Fegen, während die Pferde in der Box stehen.

Den meisten Besitzern fällt die hohe Atemfrequenz oder ein Leistungsabfall ihres Pferdes auf. Der Tierarzt hört zunächst die Atemwege mit einem Stethoskop ab, meistens ist zur genauen Diagnostik aber eine Bronchoskopie nötig, bei der mit einem Endoskop in die Bronchien geschaut werden kann und dort eine Probe für eine Laboruntersuchung entnommen wird. Liegt das Ergebnis vor, entscheidet der Tierarzt, mit welchen Medikamenten das Pferd behandelt wird. Zur Auswahl stehen Schleimlöser, Antibiose, Bronchialerweiterer, Kortison und andere Mittel, die man beim Pferd meistens oral – also über das Maul – gibt.

Immer häufiger sieht man im Stall mittlerweile Heubedampfer, mittels derer das Heu vor der Fütterung bei bis zu 100 Grad Celsius bedampft wird, um es sporen- und bakterienfrei zu bekommen.

Ein weiterer Bestandteil der Hustentherapie sind Inhalatoren, in denen Kochsalzlösung unmittelbar vor den Nüstern vernebelt wird. Dies befeuchtet die Atemwege, und auch festsitzender Schleim wird gelöst. Ein großer Vorteil der Inhalationstherapie ist die Möglichkeit, Medikamente zu vernebeln, sodass sie sofort in die Pferdelunge gelangen. Dadurch werden die Organe weniger belastet, und die Dosis kann im Vergleich zur oralen Verabreichung deutlich reduziert werden. Viele Patientenbesitzer lassen ihr Pferd täglich inhalieren, um einen Therapieerfolg aufrecht zu halten.

Gesunder Dampf
Die Inhalation kennen viele Asthmapatienten aus dem Humanbereich. Die Therapie wird von den Pferden sehr gut angenommen und dauert pro Anwendung etwa 20 Minuten.

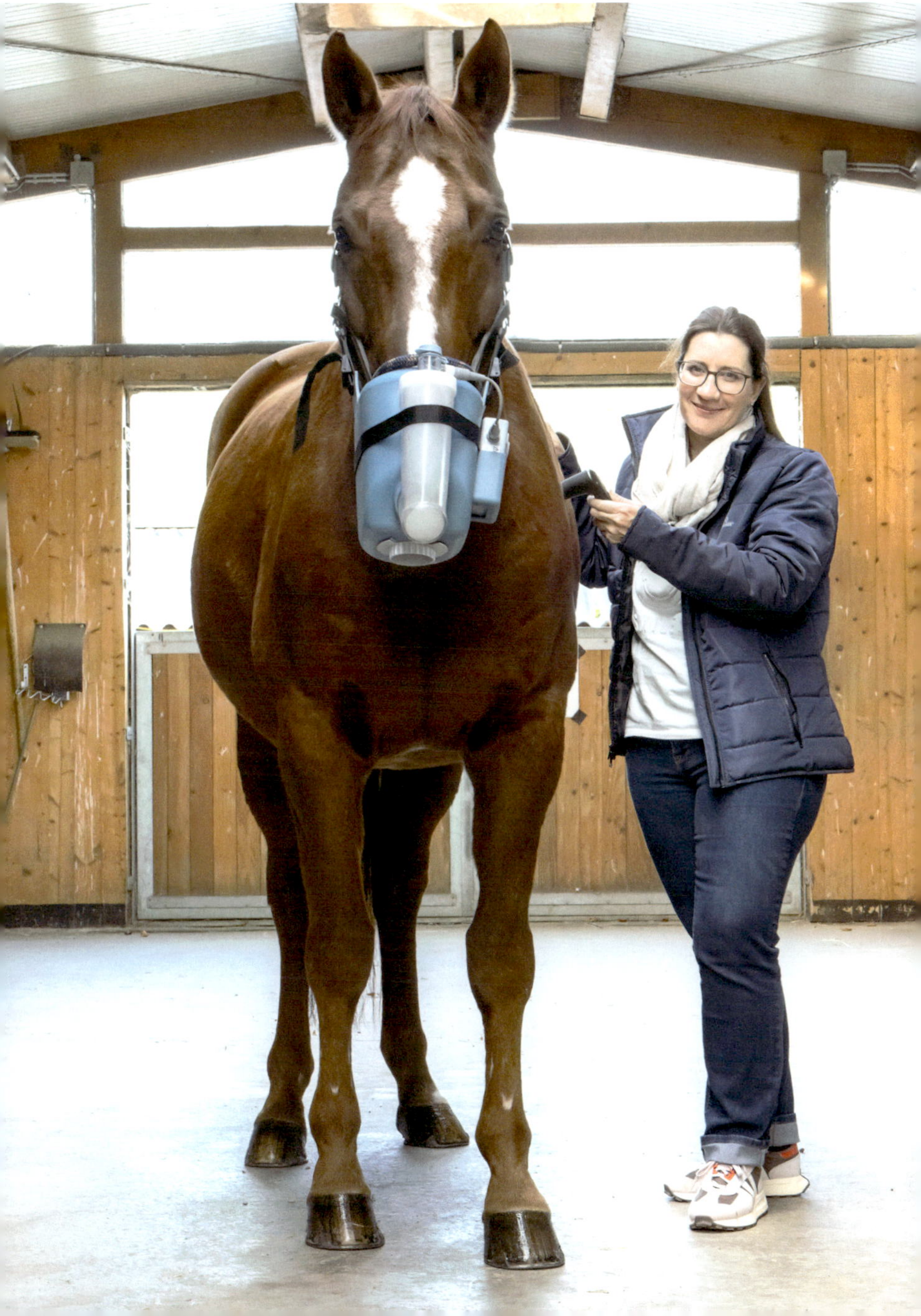

44 Impfungen

Jährliche Gesundheitsprophylaxe

Impfungen sind beim Pferd ein wichtiger Bestandteil der Gesundheitsvorsorge und spielen eine entscheidende Rolle bei der Verhinderung von Krankheiten. Durch Impfungen können Pferde vor gefährlichen Infektionen geschützt werden, die sowohl ihre Gesundheit als auch ihre Leistungsfähigkeit beeinträchtigen.

Eine der wichtigsten Impfungen für Pferde ist die Tetanus-Impfung. Tetanus, auch bekannt als Wundstarrkrampf, ist eine schwere und potenziell tödliche Krankheit, die durch das Bakterium *Clostridium tetani* verursacht wird. Pferde können sich durch offene Wunden oder Verletzungen infizieren, und die Symptome reichen von Muskelsteifheit bis hin zu Atembeschwerden. Die Tetanus-Impfung sollte je nach Impfstoff alle ein bis zwei Jahre aufgefrischt werden, um einen ausreichenden Schutz zu gewährleisten.

Eine weitere wichtige Impfung ist die Influenza-Impfung. Die Pferdegrippe, verursacht vom Influenzavirus, ist hoch ansteckend und kann zu Fieber, Husten und Atembeschwerden führen. Besonders in Pferdepopulationen mit wechselndem Kontakt, wie zum Beispiel Reitturnieren, kann sich die Krankheit schnell ausbreiten. Die Influenza-Impfung sollte alle sechs bis zwölf Monate aufgefrischt werden, um einen wirksamen Schutz zu bieten.

Auch die Impfung gegen das Equine Herpesvirus (EHV) ist von großer Bedeutung. Das Herpesvirus kann verschiedene Krankheiten verursachen, darunter Atemwegsinfektionen, Fieber und neurologische Störungen. Besonders für Zuchtstuten ist diese Impfung wichtig, da das Virus auch auf das ungeborene Fohlen übertragen werden und zu einer Fehlgeburt führen kann. Die EHV-Impfung muss alle sechs Monate aufgefrischt werden.

Der Tierarzt sollte den Pferdehalter individuell zum Thema Impfen beraten, da dies von verschiedenen Faktoren wie Alter, Gesundheitszustand und Nutzung des Pferdes abhängt. Turnierpferde haben laut LPO andere Auflagen als Freizeitpferde.

Vorsorge

Zu den »Core Impfungen« gehören Tetanus, Herpes und Influenza. Ob man gegen Pilz oder den West Nil Virus impft, sollte individuell abgewogen werden.

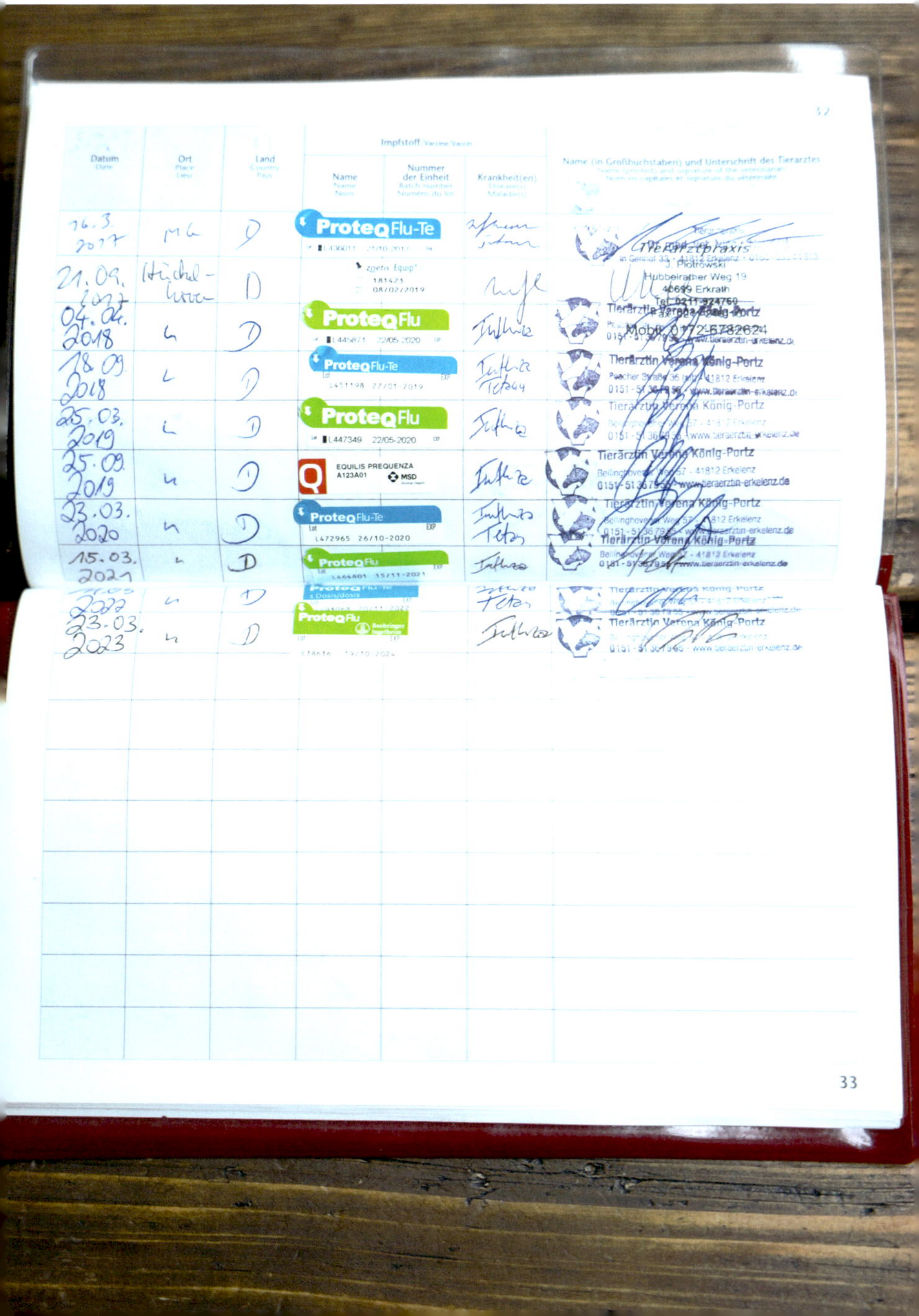

45 Isabell

Von schmutzigen Hemden und goldenem Fell

International meist als Palominos bezeichnet, werden gelb bis goldgelbfarbene Pferde mit heller Mähne und hellem Schweif im Deutschen Isabell genannt.

Vermutlich geht der Name auf eine Legende zurück, doch gleich zwei ungewaschene Damen stehen in Verdacht, als Namensgeberin Pate gestanden zu haben: Angeblich gelobte Königin Isabella von Kastilien 1482, ihr Hemd erst dann wieder zu wechseln, wenn die Stadt Granada von der Herrschaft der Mauren befreit sei. Es dauerte allerdings ganze zehn Jahre, bis die Christen 1492 die Stadt eroberten und die Königin ihr vor Schmutz starrendes Unterkleid wechseln durfte, dessen Farbton fortan als isabellfarben bezeichnet wurde. Ein gutes Jahrhundert später gelobte wiederum Prinzessin Isabella Clara Eugenia als Herrscherin über die spanischen Niederlande, ihr Nachthemd erst auszuziehen, wenn es ihrem Ehemann König Albrecht von Österreich gelungen sei, die Stadt Ostende zurückzuerobern, die 1601 in die Hände der calvinistischen Niederländer gefallen war. Diesmal dauerte es zwar nur drei Jahre, bis Albrecht die Belagerung der Stadt beenden konnte, doch zweifellos hatte auch hier das einst blütenweiße Nachthemd eine deutlich dunklere Färbung angenommen. Da goldene Pferde mit dem hellen Behang in Europa einst äußerst selten waren, bezeichnete man sie wohl zu Ehren der einen oder der anderen Isabella als isabellfarben.

Tatsächlich handelt es sich bei den Isabellas jedoch um Füchse, deren Fell durch das Cream-Gen eine genetische Aufhellung erfahren hat. Unterschieden werden Isabellas mit stumpfem gelblichem Kurzhaar und Goldisabells mit goldglänzendem Fell. Bei beiden Typen kann die Farbe des Langhaars von weiß, über silberfarben bis zu einem hellen Cremeton variieren.

In der Zoologie kommt die Farbbezeichnung Isabell auch bei verschiedenen Hunderassen (Weimaraner, Chihuahua) und Vögeln (Isabellkanarien, Isabellwürger) vor.

Achal-Tekkiner
Die uralte, aus Mittelasien stammende Pferderasse wurde wegen ihres Goldglanzes berühmt und begehrt. Der metallische Schimmer ihres Fells basiert auf ihrem hohlen Haar, das je nach Lichteinfall extremen Glanz und verschiedene Goldschattierungen hervorruft.

46 Islandpferde

One-Way-Ticket und Fünf-Gang-Getriebe

Durch die TV-Serie »Immenhof« erlebte die Islandpferderasse in Deutschland einen regelrechten Hype, und der robuste Allrounder zog als Freizeit- und Sportpferd in viele Ställe ein. Schritt, Trab, Galopp – die Kleinpferde aus Island besitzen im Gegensatz zu anderen Pferden ein Vier- oder Fünf-Gang-Getriebe und können genetisch bedingt noch zusätzlich die Gangarten Tölt und Rennpass gehen. Besonders beliebt sind sie aufgrund ihrer Trittsicherheit und ihrer Fähigkeit, naturnah und robust zu leben.

Bereits 930 nach Christus wurde festgelegt, dass andere Pferde nicht nach Island gebracht werden dürfen. Damit sind sie auf der Insel seit über tausend Jahren reinerbig. Aus Seuchenschutzgründen wurde das Importverbot 1909 noch einmal schriftlich festgehalten. Auch ein Export ist ein One-Way-Ticket – hat ein Islandpferd einmal die Insel verlassen, darf es nicht mehr zurückkehren.

Natürliche Feinde haben Islandpferde keine. Da sie Profis darin sind, auch unwegsames Gelände mit Fjorden und Flüssen einzuschätzen, nutzt man sie gern für Wanderritte.

Durch ihre Farbenvielfalt gibt es über 40 Farben bei dieser Robustpferderasse. Einige haben auch noch einen Aalstrich, der auf die wilden Vorfahren verweist. Islandpferde haben ein Stockmaß zwischen 1,35 und 1,50 Metern, und ihr dichtes, warmes Fell und die üppige Mähne sind typisch für diese beliebte Pferderasse. In Deutschland leben ungefähr 50.000 Islandpferde, die aufgrund ihrer kräftigen Statur auch gut von Erwachsenen geritten werden können.

Eine Besonderheit ist, dass die meisten Islandhengste in Deutschland im sogenannten Natursprung decken und die Stuten ihre Fohlen auch in freier Natur zur Welt bringen, wo diese das erste halbe Jahr mit der Mutterstute in der Herde leben. Als Spätentwickler startet ihre Ausbildung meist erst mit vier Jahren. Islandpferde sind häufig bis ins hohe Alter reitbar und gesund. Aus eigener Erfahrung kann ich Ihnen sagen, dass sich eine Reise nach Island für jeden Reiter lohnt.

Namensgebung

Isländer bekommen traditionell in allen Ländern isländische Namen, verbunden durch das Wort »frá« beziehungsweise »von/vom« mit dem Hof- oder Gestütnamen.

47 Das Jacobsonsche Organ

Wie Pferde riechen

Pferde haben einen hervorragenden Geruchssinn, den sie neben einer besonders großen Riechschleimhaut einem speziellen Riechorgan – dem Jacobsonschen Organ – verdanken. Sie riechen viel besser als Menschen, weil sie selbst feinste Stoffe aus der Luft über ihre Riechschleimhaut filtern und kommunizieren sogar, ähnlich wie Hunde, über ihren Geruchsinn.

Aufgrund ihres sehr langen Gaumensegels können Pferde quasi gar nicht durch das Maul, sondern nur durch ihre Nase atmen. Atmen sie ein, wandert die Luft von den Nüstern nicht nur in die Lunge, sondern auch über die Nasenhöhlen zur Riechschleimhaut, die die Duftstoffe selektiert und entsprechende Informationen über Geruchsnerven ans Gehirn weiterleitet. Um die Richtung eines Geruchs zu bestimmen, müssen Pferde aufgrund der Beweglichkeit der Nüstern nicht einmal den Kopf wenden, zusätzlich helfen die feinen Nüsternhärchen beim Schnuppern dabei, eine Verbindung von Geruch und taktilen Reizen herzustellen.

Nehmen Pferde eine spezielle Witterung oder einen völlig neuen Geruch wahr, will ein Hengst über den Duft einer Stute ermitteln, ob diese paarungsbereit ist oder eine Stute bei der Geburt den Geruch ihres Fohlens verinnerlichen, wird das Jacobsonsche beziehungsweise das vomeronasale Organ durch den Duftsaugmechanismus des Flehmens aktiviert: Das Pferd streckt den Kopf schräg nach oben und stülpt die Oberlippe hoch, um die Nüstern zu verschließen. Dadurch wird die angefeuchtete Atemluft gegen das Jacobsonsche Organ gedrückt und die besonderen Duftmoleküle einer speziellen chemischen Analyse unterzogen. Vor allem sexuelle Lockstoffe und andere hormonelle Signale werden auf diese Weise herausgefiltert und identifiziert. So können Pferde sogar die Gefühle anderer Lebewesen, also auch von uns Menschen, wahrnehmen und sich von diesen emotional stimulieren lassen, und daher werden zum Beispiel neue Artgenossen ausgiebig beschnuppert.

Der Geruch der Angst

Studien haben ergeben, dass Pferde anhand des menschlichen Körpergeruchs auch unsere Gefühle wie Angst oder Freude riechen können und entsprechend darauf reagieren.

48 Jagdreiten

Geselliges Geländereiten mit langer Tradition

Aus der ehemaligen Parforcejagd (übernommen aus dem Französischen par force = mit Gewalt) zu Pferde, die im 17. und 18. Jahrhundert hauptsächlich dem Adel vorbehalten war, weil das Bereitstellen ausgebildeter Jagdpferde und entsprechender Hundemeuten für die oft 30-köpfigen Jagdgesellschaften, die sich meist zur Hetzjagd auf Hirsche zusammenfanden, eine sehr kostspielige Angelegenheit war, entwickelte sich bei uns im 20. Jahrhundert eine gesellige Jagdreiterei, die jedoch bis heute an vielen alten Traditionen festhält. Während man früher das Wild im hohen Tempo so lange über Stock und Stein hetzte, bis die völlig erschöpften Tiere schließlich stehenblieben und vom Jagdherrn erschossen wurden, reiten Jagdgesellschaften in Deutschland seit dem Verbot der Hetzjagd vor über 150 Jahren nur noch zum Vergnügen entweder hinter einem Reiter mit Fuchsschwanz (Fuchs) her oder folgen bei einer Schleppjagd einer Hundemeute, die auf eine künstlich gelegte Duftspur angesetzt wurde.

Nach dem häufig von einer Hornbläsergruppe musikalisch untermalten Stelldichein sammeln sich Reitergruppen in ein bis drei Feldern hinter einem Master, der nicht überholt werden darf. Berittene Pikeure sorgen dafür, dass die Felder beisammen bleiben und niemand zurückbleibt. Im ersten Feld sollte sicher über die auf der Strecke errichteten, massiven, naturnahen, breiten und höchstens 80 bis 90 Zentimeter hohen Hindernisse gesprungen werden können, im letzten Feld darf man die Hindernisse auch umrunden. Am Ende der oftmals von Zuschauern gesäumten Strecke erfolgt meist ein Fuchsschwanzgreifen – also ein Wettrennen, bei dem die Reiter am Master vorbeigaloppieren dürfen, um dem »Fuchs« den an der rechten Schulter haftenden Fuchsschwanz abzureißen. Bei der Schleppjagd endet der gemeinsame Ritt mit dem Halali, mit dem sich die Reiter gegenseitig zur erfolgreichen Jagd beglückwünschen.

Die idealen Jagdpferde
sind nervenstark, verfügen über eine gute Konstitution und Ausdauer, besitzen eine mühelose Galoppade und sind mit verschiedenen Bodenverhältnissen vertraut, denn 20 Kilometer lange Jagdstrecken sind keine Seltenheit. Außerdem sollten sie sich gelassen in einer Gruppe reiten lassen.

49_Jobs im Pferdesport

Wenn das Hobby zum Beruf wird

Pferdewirt, Tierarzt, Pferdepfleger, Jockey, Hufschmied, Physiotherapeut, Tiermedizinische Fachangestellte, Tierheilpraktiker, Trainer, Ernährungsberater, Sattler … Die Liste der Berufe rund um das Pferd ist gefühlt endlos. Die Versorgung der Vierbeiner ist sehr zeitaufwendig: Es muss schließlich gemistet, gefüttert und bewegt werden. Zudem gibt es etliche Berufe, die sich mit der Gesunderhaltung des Pferdes beschäftigen.

Wenn man in Deutschland eine staatlich anerkannte Ausbildung absolvieren möchte, gibt es die Möglichkeit, den Beruf des Pferdewirts zu erlernen. Die fünf verschiedenen Fachrichtungen sind Klassische Reitausbildung, Pferdehaltung und Service, Pferdezucht, Pferderennen oder Spezialreitweisen (Westernreiten und Gangpferdereiten). Hier besteht die Option, in allen Fachbereichen eine Meisterprüfung abzulegen.

Das Studium der Tiermedizin dauert elf Semester und teilt sich in Theorie und Praxis. Die Einsatzmöglichkeiten reichen von Jobs in der Forschung über die Arbeit in einer Pferdeklinik oder Fahrpraxis bis hin zur Tätigkeit beim Veterinäramt. Nach dem Grundstudium kann man sich spezialisieren und die Fachtierarztprüfung zum Beispiel für Pferde, aber auch für Orthopädie oder Chirurgie und viele weitere ablegen. In den letzten Jahren gibt es besonders im Gesundheitssektor einen signifikanten Zuwachs an Dienstleistern, die lediglich einige Wochenendseminare absolviert haben. Bei der Auswahl eines Therapeuten sollte deswegen Augenmerk auf eine fundierte Ausbildung gelegt werden. Ein weiteres Qualitätsmerkmal sind regelmäßige Fortbildungen und Kooperationen mit Tierärzten und anderen Dienstleistern.

Auch die Ausbildung als Hufschmied ist staatlich anerkannt und genau genommen eine Weiterbildung. Voraussetzung sind ein abgeschlossener Beruf oder eine mindestens zweijährige Anstellung bei einem Schmied und der anschließende Besuch der Hufbeschlagsschmiede mit Prüfung.

Ausbildungen

Reiter, merke dir auf allen Wegen: Reiten lernt man nur durch Fegen.

50 Kalt-, Warm- und Vollblut

Wenn das Temperament in den Adern pulsiert

Die normale Körpertemperatur ausgewachsener Pferde schwankt zwischen 37 und 38,2 Grad. Woher also die merkwürdigen Bezeichnungen für verschiedene Pferdetypen?

Da bei uns Pferde bis ins 18. Jahrhundert allein für den Gebrauch in der Landwirtschaft und im Krieg gezüchtet wurden, ähnelten sie sich entsprechend stark, denn es handelte sich zumeist um eher kleine, kräftige und gedrungene Pferde. Als der Adel begann, iberische und arabische Rassen einzukreuzen, wurde das Erscheinungsbild der Tiere eleganter und hochbeiniger, vor allem aber wurden die Pferde rittiger, schneller und wendiger, was auch dem Militär zugutekam. Je stärker im 19. Jahrhundert das Reiten als Sportart und zum Vergnügen in den Fokus rückte, desto gezielter wurde dieser neue Pferdetypus gezüchtet, während parallel weiter Bedarf an kräftigen Arbeitspferden bestand.

Gleichzeitig begann man in England bereits Ende des 17. Jahrhunderts, für den extrem beliebten Galopprennsport heimische Stuten mit importierten arabischen Hengsten zu decken und dabei nur die schnellsten und härtesten Tiere zur Zucht zuzulassen. Die daraus resultierende Rasse wurde bei uns Englische Vollblüter getauft, weil sie auf Englisch *Thoroughbred* – auf Deutsch »vollständig durchgezüchtet« – heißt, da sich ihr Stammbaum aufgrund der strengen Reinzucht bis zu den Gründerhengsten zurückverfolgen lässt. Zur Unterscheidung von anderen Rassen tragen sie hinter ihrem Namen ein »xx«.

In Deutschland begann man die Arbeitspferde, deren Zucht während der Industrialisierung stark rückläufig war, von den Reitpferden zu unterscheiden, indem man erstere aufgrund ihres ruhigen Temperaments als Kaltblüter und letztere als Warmblüter bezeichnete. Je leistungsbetonter die Warmblutzucht wurde, desto häufiger kreuzte man wiederum Vollblüter ein und bezeichnet daher Warmblutpferde mit einem Vollblutanteil von 50 Prozent und mehr auch als Halbblüter.

Warmblutrassen
Mehr als die Hälfte der weltweit über 200 Pferderassen sind der Definition nach Warmblutrassen. Zu den bekanntesten deutschen Warmblut-Rasseverbänden zählen die Trakehner, Hannoveraner, Holsteiner, Oldenburger und Westfalen.

51 Der Kappzaum

Die vielfältige Arbeit mit dem gebisslosen Zaum

Ob sich der Name vom lateinischen Wort *caput* oder dem spanischen Wort *cabeza* für Kopf/Haupt ableitet oder einfach die deutschsprachige Wortschöpfung für den »verkappten Zaum« ist, spielt keine Rolle; Fakt ist, dass diese, einem Halfter ähnliche, gebisslose Zäumung, die hauptsächlich auf Genick und Nasenrücken einwirkt, schon zur Bronzezeit bekannt war und sich später über Nordafrika zunächst nach Spanien und Portugal und weiter nach ganz Europa verbreitete. In der Renaissance und im Barock kam der auch Caveçon genannte Zaum bei den großen Reitmeistern geradezu en vogue, wobei zum Beispiel Antoine de Pluvinel (1555–1620, Erfinder der Pilaren) vorzugsweise eine Variante mit scharfem Naseneisen wählte, die der spanischen Serreta ähnelt. Der Name dieser in Spanien heute noch gebräuchliche Kappzaumvariante leitet sich von dem glatten oder auf der Innenseite gezahnten Naseneisen (Serreta = dt. kleine Säge) ab und hinterlässt bei falscher Handhabung auf dem Nasenrücken des Pferdes oft sichtbare Narben.

Heute unterscheidet man den französischen Caveçon, dessen Nasenriemen aus einer mit Leder ummantelten Fahrradkette besteht, die sich der Pferdenase geschmeidig anpasst; den Wiener Kappzaum, dessen dünn gepolstertes Naseneisen über zwei seitliche Gelenke verfügt; den schweren Kappzaum, dessen Naseneisen aus drei gut gepolsterten, scharnierartig miteinander verbundenen Stahlbändern besteht und den leichten Kappzaum ohne Naseneisen. Die meisten Modelle verfügen über drei Ringe auf dem Nasenriemen, sodass sie sich sowohl zum Longieren als auch zum Einschnallen von Zügeln oder Gebissriemen eignen. Alle Modelle haben verschiedene Vor- und Nachteile, vor allem in Bezug auf ihre Einwirkung. Individuell angepasst und richtig verschnallt, bietet der Kappzaum vor allem bei der Longen-, Boden- und Handarbeit die Möglichkeit, besonders fein und präzise auf das Pferd einzuwirken.

Kombination mit Gebiss

Will man junge Pferde schonend ans Gebiss gewöhnen, schnallt man es zunächst ohne Zügel in den Kappzaum ein. Die Hilfengebung erfolgt dann weiter über die Nase. Im nächsten Schritt lässt sich zum Beispiel mit vier Zügeln die Einwirkung auf Nase und Maul kombinieren.

52 Kastration

Wenn der Hengst zum Wallach wird

Laut Duden leitet sich der Begriff Wallach von einem »aus der Walachei eingeführten kastrierten Pferd« ab, weil es vermutlich die dort lebenden Reiternomaden waren, die schon sehr früh den Großteil ihrer männlichen Tiere kastrierten, um sie einfacher in ihren Herden mitführen zu können.

Obwohl das Entfernen beider Hoden, also die Beseitigung der Testosteron-Quelle des Hengstes, einen sehr einschneidenden Eingriff in die Libido, den Charakter und die Optik des Pferdes bedeutet, werden bei uns die meisten Hengste, die nicht zur Zucht eingesetzt werden sollen, noch vor dem dritten Lebensjahr »gelegt«, weil der chirurgische Eingriff dann in aller Regel recht komplikationslos verläuft und grundsätzlich sogar im Stehen durchgeführt werden kann. Außerdem hat sich zu diesem frühen Zeitpunkt noch kein aktives Hengstverhalten manifestiert, und die Wallache werden anschließend vom Gemüt her eher unkompliziert und gechillt sein, sich aller Wahrscheinlichkeit nach problemlos in einer Herde halten und entspannt zusammen mit Stuten reiten lassen. Kastriert man Hengste hingegen erst im fortgeschrittenen Alter, behalten sie auch als Wallache oft ihr imposantes Erscheinungsbild inklusive des muskulösen Hengsthalses, des üppigeren Langhaares, des glänzenderen Fells und des imposanteren Bewegungsablaufs bei, aber auch das typische Hengstgebaren, das sie häufig zur Einzelhaltung verdammt. Eine Faustregel besagt jedenfalls, dass sich die Dauer des hengstigen Machoverhaltens nach der Kastration mit der Formel »Alter in Jahren x 2 = Anzahl der Monate« berechnen lässt. Bei älteren Tieren wird die Kastration in der Regel stets im Liegen unter Vollnarkose durchgeführt, was die Gefahr von Komplikationen zusätzlich erhöht. Letztendlich steht immer das Tierwohl an erster Stelle, und gerade im Freizeitbereich lässt sich Wallachen häufig einfacher eine möglichst artgerechte Haltung bieten.

Medizinische Gründe für eine Kastration

Hodenkrebs, Hodenhochstand (Kryptorchismus, Klopphengste), Hodenverdrehung oder Hodenentzündungen können eine chirurgische Entfernung der Hoden unumgänglich machen.

53 Kavallerie

Zu Pferde in den Krieg

Nichts hat von Anbeginn die Geschichte der Reiterei so sehr beeinflusst wie die Kriegsführung zu Pferde. Wie wir von Xenophon wissen (siehe Kapitel 4), beschäftigte man sich schon in der Antike mit der gründlichen Ausbildung der Pferde zu Kriegszwecken, und so wurden bis etwa Ende des 19. Jahrhunderts Kriege und Eroberungsfeldzüge auch auf dem Rücken der Pferde entschieden.

Das Wort Kavallerie für Reitertruppe stammt ursprünglich aus dem Italienischen (cavaliere = dt. Reiter, cavallo = dt. Pferd) und wird in Deutschland seit etwa Mitte des 16. Jahrhunderts verwendet, als große berittene Einheiten in der europäischen Militärtaktik eine immer wichtigere Rolle spielten. Erst die Einführung der Schnellfeuerwaffen ließ die berittenen Soldaten nach und nach von den Schlachtfeldern verschwinden, wobei es in Deutschland zu Beginn des 20. Jahrhunderts noch über hundert Kavallerieregimenter gab, die Pferde aber fast ausschließlich als militärische Zug- und Wagentiere benutzt wurden. Veränderungen der Waffentechnik beeinflussten immer wieder die Pferde- und Reitausbildung.

Grundsätzlich legten Militärschulen bis ins 19. Jahrhundert großen Wert auf eine umfangreiche Ausbildung der Pferde, um eine hohe Leistungsfähigkeit und Langlebigkeit zu erzielen. Sowohl im Gelände als auch in der Dressur verlangten sie dafür ausdauernde, rittige, geländegängige und robuste Pferde. Die Reiter wurden lange Zeit sowohl in der hohen Schule der Reitkunst als auch in der anspruchsvollen und ausdauernden Gebrauchs- und Formationsreiterei ausgebildet, bis man für die Truppenausbildung vereinfachte Reitvorschriften entwickelte, um eine größere Zahl von Soldaten schneller beritten machen zu können. Die bekannteste ist sicherlich die H.Dv.12 (Heeresdienstvorschrift aus dem Jahr 1912), die mehrfach überarbeitet wurde und letztlich die Grundlage für die Richtlinien Reiten und Fahren der Deutschen Reiterlichen Vereinigung und damit der modernen Pferdeausbildung und des Reitsports bildet.

Der Deutsche Kavallerieverband e. V.
pflegt bis heute den Kavalleriereitsport und die Repräsentation lebendiger Kavalleriegeschichte in historischen Uniformen und veranstaltet unter anderem die Deutsche Meisterschaft der Kavallerie. Mehr Infos unter www.kavallerieverband.de.

54 Kneipp für Pferde

Hier bekommt keiner kalte Hufe

Im Sommer ist eine Abkühlung nach einem anstrengenden Training auch für Pferdebeine eine Wohltat. Die Gefäße ziehen sich durch das kalte Wasser reflektorisch zusammen (Vasokonstriktion) und stellen sich danach wieder weit (Vasodilatation). Durch die Kühlung möchte man Entzündungen entgegenwirken, außerdem fördert sie die Durchblutung und regt das Herz-Kreislauf-System an. Besonders für die Sehnen der Beine ist das Wassertreten effektiv.

Einige Ställe haben extra dafür eine Schwemme, wie auf unserem Bild rechts zu sehen. Das Praktische daran ist, dass man selbst trockenen Fußes bleibt und das Pferd einem – sollte es sich doch einmal erschrecken – nicht auf den selbigen springen kann. Gleichzeitig ist aber auch die Verletzungsgefahr für unsere Vierbeiner geringer, da man den Untergrund in einem Bach oft nicht richtig beurteilen kann.

Bereits Pfarrer Kneipp erkannte die heilende Wirkung des Wassers in Form von Güssen oder Wassertreten. Bei den Güssen starten wir herzfern am rechten Hinterbein und lassen das Wasser ohne Druck hinunterlaufen. Es folgt hinten links, dann vorn rechts und zuletzt vorn links. Besonders im Sommer empfinden viele Pferde eine Abkühlung als wohltuend, sie sollte aber wie beschrieben erfolgen, da beispielsweise kaltes Brunnenwasser zu einem Kreislaufzusammenbruch führen kann, wenn es direkt auf den Brustkorb oder Rücken des Pferdes gehalten wird. Ist Ihr Pferd empfindlich, empfehle ich stattdessen einen Eimer mit lauwarmem Wasser vorzubereiten und die Sattellage nach dem Training mit einem Schwamm von Schweiß und Dreck zu reinigen. So beugt man verstopften Talgdrüsen vor und entspannt die Muskulatur, besonders in der Sattellage.

Bei Harnwegsinfekten, Blasen- und Nierenkrankheiten oder Kreislaufproblemen sollte allerdings auf die sogenannte Hydrotherapie verzichtet werden. Im Zweifel fragen Sie einfach Ihren Tierarzt oder Physiotherapeuten.

Wasserscheu

Ist Ihr Pferd kein Seepferdchen, lassen Sie einen routinierten Freund vorgehen. Sicherlich siegt dann die Neugier.

55 Die körperliche Entwicklung

Vom Fohlen zum Reitpferd

Die körperliche Entwicklung eines Pferdes vom Fohlen bis zum Reitpferd ist ein Prozess, der mehrere Jahre dauert. In dieser Zeit durchläuft das Pferd verschiedene Wachstumsphasen. Eine zu frühe Nutzung als Reitpferd kann irreversible, körperliche Schäden verursachen, weshalb die Ausbildung mit Bedacht stattfinden sollte.

Ein Fohlen wird mit einem Gewicht von etwa 40 bis 60 Kilogramm geboren und ist in den ersten Wochen seines Lebens stark von der Mutter abhängig. Als Nestflüchter müssen Kreislauf und Lunge bereits in den ersten Minuten nach der Geburt funktionieren und das Fohlen seiner Mutter folgen können. Es wird von der Stute gestillt. Im Alter von etwa sechs Monaten beginnt man damit, dass Fohlen von der Muttermilch zu entwöhnen, und es zieht meistens mit Gleichaltrigen in eine Wohngemeinschaft. Während dieser Zeit wächst das Fohlen weiter und entwickelt sich zu einem Jungpferd.

Im Alter von etwa zwei Jahren ist das Tier ein heranwachsendes Pferd. Sein Wachstum verlangsamt sich, aber es entwickelt sich weiterhin körperlich. Die Muskeln werden stärker, und das Pferd gewinnt an Ausdauer und Kraft. Auch Fähigkeiten wie Balance und Körperwahrnehmung verbessern sich. Mit etwa drei Jahren erreicht das Pferd die Phase des jungen Erwachsenenalters. Das Pferd ist nun bereit für leichtes Training und kann an das Gewicht des Reiters gewöhnt werden. Es ist wichtig, das Training langsam und schonend zu gestalten, um körperlichen Schädigungen vorzubeugen.

Mit etwa vier bis fünf Jahren gilt das Pferd als erwachsenes Reitpferd. Es hat nahezu seine volle Größe und Muskelmasse erreicht und ist bereit für anspruchsvolleres Training und den Einsatz als Reitpferd. In den folgenden Jahren kann das Pferd seine Fähigkeiten und Fertigkeiten weiterentwickeln, bis es mit etwa sieben Jahren vollständig ausgewachsen ist und sein Bewegungsapparat sich gefestigt hat.

Kinderstube
Eine artgerechte Aufzucht ist elementar für die gesunde Entwicklung des Fohlens. Dazu gehört freie Bewegung ebenso wie Sozialkontakte mit Gleichaltrigen.

56 Kolik

Wenn der Bauch schmerzt

Eine Kolik ist eine sehr ernsthafte Erkrankung bei Pferden, die durch starke Bauchschmerzen gekennzeichnet ist. Die Symptome einer Kolik können variieren, aber typische Anzeichen sind Unruhe, häufiges Hinlegen und Aufstehen, übermäßiges Schwitzen, Appetitlosigkeit und Anzeichen von Schmerzen wie Scharren oder zum Bauch gucken.

Eine Kolik kann immer verschiedene Ursachen haben. Zum Beispiel kann eine Erkrankung des Magens die Beschwerden verursachen. Eine Entzündung der Schleimhaut nennt man Gastritis, chronisch kann diese auch zu Magengeschwüren und Blutungen führen. Häufig entstehen Magenprobleme beim Pferd durch Fehler in der Fütterung und bei Stress.

Im Darm des Pferdes kann es zu Verstopfungen und Aufgasungen, zu Drehungen und Entzündungen kommen. Für eine exakte Diagnose kommen verschiedene Untersuchungen in Frage: die Nasen-Schlund-Sonde, eine rektale Untersuchung, ein Blutbild und der Ultraschall des Darms. Aber auch eine Erkrankung der Blase kann Bauchschmerzen verursachen. Deswegen ist eine genaue Anamnese mit Hilfe des Besitzers notwendig, um die Ursache der Symptome zu finden und die bestmögliche Therapie zu wählen. Behandelt man einen Koliker mit Infusionen und Medikamenten, spricht man von einer konservativen Behandlung. Leider ist in manchen Fällen aber auch ein chirurgischer Eingriff notwendig und das Pferd wird in Vollnarkose operiert.

Vielen Koliken kann durch artgerechte Haltung und Fütterung vorgebeugt werden. Der Pferdedarm reagiert sehr empfindlich auf Futterumstellungen (siehe Kapitel 30), weshalb diese nur sehr langsam und vorsichtig stattfinden sollten. Ebenfalls ist beim An- und Abweiden der Pferde darauf zu achten, dass die Zeitintervalle langsam gesteigert beziehungsweise reduziert werden und nicht abrupt wechseln. Ausreichend freie Bewegung und die Aufnahme von ausreichend Wasser sorgen für eine gute Darmtätigkeit.

Gefährliche Bauchschmerzen
Eine Kolik ist eine lebensbedrohliche Erkrankung und sollte sofort durch einen Tierarzt behandelt werden.

57 Vor der Kutsche

Vom Kampfwagen zum sportlichen Gespannfahren

Noch bevor die ersten Pferde geritten wurden, dienten sie bereits als Wagenpferde. Bei den Kulturvölkern des Altertums bestand die Elite der Armeen zunächst aus Kampfwagenfahrern, die erst nach und nach von Reitern abgelöst wurden. Die Ausbreitung des Römischen Reichs, die spätantike sogenannte Völkerwanderung, die Erschließung ganzer Kontinente, Kriege, die ertragreiche Landwirtschaft und der Handel, kurzum die gesamte Kulturgeschichte der Menschen bis ins Zeitalter der Maschinen wäre ohne Wagenpferde anders verlaufen.

Der älteste, bis heute erhaltene Wagen gehörte dem ägyptischen Pharao Tutanchamun. Das Wort Kutsche für Reisewagen, die allein der Beförderung von Personen dienen, leitet sich ab vom ungarischen *kocsi* (aus Koks), denn in Ungarn bauten Wagenbauer im 15. Jahrhundert die ersten leichten, ungeteerten Wagen aus Korbgeflecht, deren Vorderräder kleiner waren als die Hinterräder, was einen erheblich engeren Wendekreis ermöglichte. Im 17. Jahrhundert wurde die eiserne Wagenfeder erfunden und der Kutschenbau deutlich verbessert.

Längst begeisterten sich Fürsten und Adel für prunkvolle Karossen und trugen dazu bei, Innovationen beim Kutschenbau voranzutreiben. Ab 1740 fuhren die ersten Droschken als Mietwagen durch Berlin. Parallel wurden in England die ersten Vollblüter gezüchtet, die einen sportlichen Fahrstil auch bei der Personenbeförderung und im Postverkehr ermöglichten. Als schließlich das Großbürgertum Anfang des 19. Jahrhunderts die Freude am Fahren zur Repräsentanz, aber auch zum reinen Vergnügen entdeckte, war das die Geburtsstunde des heutigen Fahrsports. In Wettbewerben wurden von Anfang an die Anspannungsarten (Ein-, Zwei- und Vierspänner sowie Tandem), die Optik, die Leinenführung, die Qualität der Pferde und in Marathon-Prüfungen auch die Geschwindigkeit und die Geländegängigkeit gewertet.

Benno von Achenbach (1861 – 1936)
Sein »Achenbach-System« und seine Anspannungslehre haben nicht nur die deutsche Fahrkunst begründet , sondern gelten bis heute auch im internationalen Sport als die pferdefreundlichste und effektivste Fahrlehre.

58 Landgestüte

Wenn der Staat Pferde züchtet

Aus den fürstlichen Gestüten des 16. Jahrhunderts, die bereits einen Grundstock für die systematische Pferdezucht gelegt hatten, indem sie in den Marställen der Adelsschlösser repräsentative, häufig farbreine Pferde züchteten und darüber Buch führten, entstanden die ersten Landgestüte, um Pferde von guter Qualität für das Militär, das Transportwesen und die Landwirtschaft stellen zu können. Die Landesherren schlossen sich zusammen, um mit ihren Pferden kriegerische Auseinandersetzungen zu unterstützen und meist dadurch auch zu entscheiden. Dank ihrer Hengstdepots konnten sie auch privaten Züchtern hervorragende Vererbertiere zur Verfügung stellen, während die Hauptgestüte seit jeher auch große Stutenherden besitzen und der Fohlenaufzucht dienen.

Die zunehmende Motorisierung der Landwirtschaft und des Verkehrs sowie die schwindende Notwendigkeit von »Schlachtrössern« bedeutete Anfang des 20. Jahrhunderts das Aus für viele dieser Gestüte. Die verbliebenen Land- und Hauptgestüte überlebten dank eines veränderten Zuchtziels hin zu Sport- und Freizeitpferden und dank der Pflege der historischen Gestütsanlagen und der hippologischen Kultur. Die Ausweitung ihrer ursprünglichen rein züchterischen Tätigkeit hin zur Ausbildung in den angegliederten Landes-Reit- und Fahrschulen der jeweiligen Bundesländer und der Bewahrung alter Berufe trug ebenfalls dazu bei.

Im Gegensatz zu anderen Ländern wie etwa Frankreich oder Tschechien gibt es in Deutschland kein Nationalgestüt, doch die bis heute erhaltenen reinen Landgestüte, darunter Redefin, Zweibrücken, Celle, Warendorf und Moritzburg, haben weiterhin die Aufgabe, Pferdezüchtern hochwertige und leistungsgeprüfte Hengste (Landbeschäler) der jeweiligen Zuchtgebiete zur Verfügung zu stellen, die parallel häufig in Hengstparaden zur Schau gestellt werden, was die historischen Gestütsanlagen auch für Besucher attraktiv macht.

Das Haupt- und Landgestüt Marbach
gilt als ältestes Gestüt Deutschlands (seit 1514). Es unterhält zwei Stutenherden (Warmblut und Vollblutaraber) und beschickt Deckstationen mit Hengsten unterschiedlicher Rassen. Weitere Infos: www.gestüt-marbach.de.

59 Marwari

Die heiligen Pferde Indiens

Die Marwaris sind eine indische Pferderasse, die für ihre Sichelohren bekannt sind. Marwaris werden gegenwärtig nur in Rajastan und den benachbarten indischen Bundesstaaten gezüchtet und dürfen seit 2000 nicht mehr exportiert werden, da sie zum indischen Kulturgut gehören. Ursprünglich in Kriegen eingesetzt, werden sie in Indien heute als Reitpferde und im Staatsdienst, zum Beispiel bei der Polizei oder dem Militär (vornehmlich in Paraden oder zu repräsentativen Zwecken) genutzt. Die Tiere gelten als intelligent und sind gute Wüstenpferde. Man sagt ihnen nach, schnell, hart und gleichzeitig elegant zu sein. Sie kommen mit den in ihrer Heimat vorherrschenden, warmen und teilweise wasserarmen klimatischen Bedingungen gut zurecht und sind auch bei Hitze sehr leistungsbereit.

Die Vorfahren der Marwaris kamen vermutlich aus Zentralasien, da heute noch die Ähnlichkeit mit den Pferden aus Turkmenistan (Achal-Tekkiner, Karabaier) unverkennbar ist. Außerdem wurden Marwari-Pferde von orientalischen Rassen (Arabern, Persischen Arabern) beeinflusst. Diese Pferderassen brachten die islamischen Invasoren ab dem 8. Jahrhundert n. Chr. mit nach Indien, wo sie mit einheimischen Pferden gekreuzt wurden. Marwari-Pferde kommen in allen Farben vor, auch gescheckte Pferde sind erwünscht. Ihr Stockmaß liegt bei 1,45 bis 1,65 Metern. Ihr Körperbau ist schlank und sportlich.

Die besonderen Sichelohren lassen sich um mehr als 180 Grad drehen. Bei einigen Stuten berühren sich die Spitzen sogar. Außer bei den Kathiawari-Pferden, einem Verwandten des Marwari-Pferdes, gibt es bei keiner anderen Rasse solch gebogene Ohren. Die Tiere sind auch auf steinigem Gelände ausgesprochen trittsicher.

Vereinzelt gibt es diese seltene Rasse in den USA und einige Pferde in Deutschland aus Nachzuchten oder sie sind bereits vor dem Exportverbot eingereist. Hier werden sie gern im Distanzsport eingesetzt.

Marwari
bedeutet wörtlich übersetzt: »Aus dem Land des Todes«.

60 Maultiere

Der Hybrid unter den Equiden

Maultiere entstehen durch die Kreuzung eines männlichen Esels mit einer Pferdestute. Das ist jedoch nur in Ausnahmefällen erfolgreich, da Pferde und Esel genetisch unterschiedlich sind und verschiedene Chromosomenzahlen haben. Die Hybriden haben eine Reihe von Eigenschaften, die sie weltweit zu beliebten Arbeitstieren machen. Sie sind äußerst robust und widerstandsfähig, was sie ideal für schwieriges Gelände und viele Arbeitsstunden macht. Sie können schwere Lasten tragen und sind bekannt für ihre Ausdauer. Maultiere sind sehr intelligent und haben einen ausgeprägten Überlebensinstinkt. Sie sind in der Lage, sich in schwierigen Situationen selbst zu helfen und sind oft vorsichtiger als Pferde.

Auch bei der Bundeswehr werden Maultiere als Packtiere eingesetzt, um Ausrüstung und Lebensmittel in Gebirgsregionen zu bringen, wo eine Versorgung mit dem Auto nicht möglich ist. Ebenso können Verwundete mit ihrer Hilfe aus unwegsamen Gebieten transportiert werden. Ein Muli kann etwa 100 Kilogramm tragen, wenn es gut trainiert ist. Etwa 40 Kilogramm wiegt allein der Packsattel. Seine Ausbildung beginnt mit etwa fünf Jahren. Die Tragtiere werden dabei von Gebirgsjägern geführt. Für die Soldaten sind die Mulis wie für Polizisten der Polizeihund, da sie eng im Team mit ihnen zusammenarbeiten.

Obwohl Maultiere sehr nützliche Tiere sind, gibt es doch einige Herausforderungen bei ihrer Zucht und Haltung. Da Maultiere unfruchtbar sind, können sie sich nicht vermehren. Dies bedeutet, dass jedes Maultier das Ergebnis einer gezielten Kreuzung ist.

Trotz dieser Herausforderungen sind Maultiere aufgrund ihrer Vielseitigkeit und Zuverlässigkeit nach wie vor beliebte Tiere. Sie sind nicht nur in der Arbeit, sondern auch im Freizeitbereich gern gesehen. Viele Menschen genießen es, auf Maultieren zu reiten oder sie als Begleittiere zu halten. Das Zusammenleben von Pferden und Hybriden klappt in den meisten Fällen problemlos.

Eselsprache

Haben Sie schon mal das typische I-Ah eines Esels gehört? Im Gegensatz zu Pferden schreien Esel und wiehern nicht.

61 Mounted Games

Lasset die Spiele beginnen

Die Idee zu den »Spielen zu Pferd« stammt ursprünglich aus Indien. Damit berittene indische Soldaten auch in Friedenszeiten körperlich fit und bei Laune blieben, trainierten sie spielerisch, was ihnen im Falle eines Krieges von Nutzen sein konnte, zum Beispiel in ein feindliches Lager zu preschen und dabei im vollen Galopp die Zeltpflöcke aus dem Boden zu reißen, damit die Zelte einstürzten, im rasanten Tempo in den Sattel zu kommen oder Hindernisse zu umwinden und ähnliches mehr.

Die britischen Kolonialherren packten das Ganze in ein international gültiges Regelwerk, nach dem bis heute die Wettbewerbe – bis hin zu Europa- und Weltmeisterschaften – durchgeführt werden und nahmen diese Idee mit nach England. Ausgetragen werden die 26 standarisierten Spiele auf einem 60 x 120 Meter großen Wettkampfplatz. Angetreten wird in Mannschaften, die jeweils aus fünf Reitern bestehen, und geritten wird meist im Galopp und auf Ponys (Pferde über 1,48 Meter Stockmaß sind nur in Deutschland erlaubt), da sie wendiger sind und man auch im rasanten Tempo leichter aufspringen kann. Pro Aufgabe setzt immer ein Reiter aus, damit jeweils diejenigen zum Zuge kommen, die das Spiel besonders gut beherrschen.

Ringstechen, Slalomrennen, Luftballonstechen, Becher versetzen, Gegenstände aufnehmen: Immer sind Teamgeist, Technik und Tempo, aber auch Harmonie von Reiter und Pferd gefragt, wenn die Mannschaften gegeneinander antreten und sich im direkten Vergleich messen. Fehler wie das Umreißen von Slalomstangen müssen sofort korrigiert werden, daher ändert sich die Reihenfolge der Teams während eines Laufs oder einer Qualifikation mit bis zu zehn Spielen immer wieder und lässt die Zuschauer bis zum Schluss mitfiebern. Als gewonnen gilt das Spiel nämlich erst, wenn alle Reiter eines Teams jeweils die Ziellinie überquert haben. Überwacht wird das Ganze von einem Haupt- und mehreren Linienrichtern.

Als Dachverband
fungiert in Deutschland der Verband für Reiterspiele Mounted Games Deutschland (VRMGD, www.vrmgd.de), und zahlreiche Reitschulen und Pferdesportverbände kümmern sich mittlerweile um die Nachwuchsförderung und das sportliche Training.

62 Natürliche Bedürfnisse

Freie Bewegung, Kontakte und ausreichend Nahrung

Als Leitfaden für ein glückliches Pferdeleben sollten wir uns ihre natürlichen Bedürfnisse vor Augen führen. Dabei spielen schicke Decken, Halfter und andere Accessoires keine Rolle, wie Sie sich sicherlich denken können.

Für Pferde steht an erster Stelle eine artgerechte Haltung, die sich zum einen durch die Möglichkeit der freien Bewegung auszeichnet, aber auch eine friedliche und stabile Herde voraussetzt. Der Kontakt zu Artgenossen ist für ein soziales Lebewesen, das immer in Gruppen lebt, elementar. Einzelhaltung oder Boxenhaltung ohne die Möglichkeit der Interaktion in Form von Fellpflege und Spielen, führt zu Stress und gesundheitlichen Problemen.

In der Natur bewegt sich ein Pferd täglich etwa 16 Stunden vorwiegend im Schritt und nimmt dabei kontinuierlich Nahrung auf. Für Dauerfresser ist diese Form der Ernährung gesundheitsfördernd und trägt zum Wohlbefinden bei. Zu lange Fresspausen, mit Kot und Urin verunreinigtes Raufutter und zwei- bis dreimal täglich große Mengen Kraftfutter entsprechen keiner artgerechten Haltung und machen Pferde krank. Magenkranken Pferden merkt man schnell an, dass sie unglücklich sind. Neben einem Schmerzgesicht lassen Sie sich ungern anfassen und putzen und versuchen sich im wahrsten Sinne des Wortes alles vom Leib zu halten.

Auch dem Schlafbedürfnis eines Pferde muss man gerecht werden, damit es glücklich ist. Forscher fanden heraus, dass Pferde große und weiche Liegeflächen bevorzugen und gern eine erhöhte Position zum Schlafen wählen, damit sie trotz Pause den Überblick nicht verlieren. Dieser Sicherheitsaspekt ist für ein Flucht- und Beutetier überlebenswichtig. Auch wälzen oder ein Sonnenbad nehmen gehört zum Wellness-Programm der Vierbeiner und sollte ganzjährig mit viel frischer Luft und Licht möglich sein.

Ein zufriedenes Pferd erkennen Sie am entspannten Gesichtsausdruck und an einem freundlichen Charakter.

Ausgeglichene Pferde
Wenn wir Tiere domestizieren, ist es auch unsere Aufgabe, sie artgerecht zu halten und glücklich zu machen.

63 Natural Horsemanship

Die mit den Pferden flüstern

Als der englische Begriff Horsemanship (abgeleitet von horseman = Pferdemensch), der ursprünglich für die Reitkunst im Allgemeinen stand, durch ein »natural« oder ein »good« ergänzt wurde, wollte man damit einen besonders natürlichen und harmonischen Umgang mit Pferden bezeichnen, der sich entsprechend einer pferdegerechten Sprache bedient und den Tieren keinerlei Schmerzen oder Angst zufügt. So weit so gut. Doch nicht nur zur Kommunikation und zur Vertrauensbildung mit den Pferden soll der Mensch die Körpersprache der Pferde erlernen und richtig deuten, sondern auch, um eine Führungskompetenz (»leadership«) in der Bodenarbeit und im Sattel aufzubauen. Geprägt haben den Namen sicherlich vor allem die Amerikaner Monty Roberts und Pat Parelli mit ihren in den 1980er Jahren entwickelten, allerdings inzwischen sehr kommerziellen Ausbildungsprogrammen.

Während Ersterer als Pferdeflüsterer für seine Join-Up-Methode bekannt wurde, bei dem Pferde im Roundpen so lange dem Druck des Menschen weichen müssen, bis sie sich ihm freiwillig anschließen, hat Letzterer zum Aufbau von Vertrauen und Akzeptanz zwischen Pferd und Mensch »7 Spiele« entwickelt, bei denen allerdings ebenfalls mittels negativer Verstärkung physischer und mentaler Druck erzeugt wird – zum Beispiel, wenn das mit Knotenhalfter ausgerüstete Pferd dem »stick« und dem schwingenden »rope« weichen soll –, der vielen Anhängern des Horsemanship schon zu weit geht. Letztlich tummeln sich also unter dem Oberbegriff Horsemanship eine Vielzahl verschiedener Trainings- und Ausbildungsmethoden, die jedoch alle auf dem Erlernen und dem Verstehen der Körpersprache der Pferde basieren, nach einem gewaltfreien Umgang mit den Tieren suchen und daher zum Beispiel auch Freiheitsdressur, gebissloses Reiten und Reiten mit Halsring propagieren oder als Grundlage für ein pferdegestütztes Training oder Coaching dienen.

Knotenhalfter
sind dünne, stufenlos verstellbare, leichte Seilhalfter mit eingearbeiteten Knoten, die an sensiblen Stellen des Pferdekopfes anliegen, um dort punktuellen Druck zu erzeugen und dementsprechend eine schnelle Reaktion beim Pferd hervorrufen können.

64 Die Notfallapotheke

Gut gewappnet für den Ernstfall

Nicht nur Zuhause, auch im Stall und bei einem längeren Ausritt sollte eine Notfallapotheke nicht fehlen. Als Privatpatient ist jeder Hausbesuch vom Tierarzt teuer und nicht immer notwendig, da viele kleinere Blessuren vom Pferdebesitzer selbst versorgt werden können. Umso sinnvoller ist es, eine gut ausgestattete Notfallapotheke für den Vierbeiner und Grundkenntnisse in Erster Hilfe zu haben.

Als häufigster Notfall kommen Verletzungen vor. Hierfür sollte geeignetes Desinfektionsmittel/Jodseife und Wundauflagen wie zum Beispiel Verbandswatte, Mullbinden und Kompressen vorhanden sein. Eine gute Schere erleichtert die Arbeit. Beim Pferd hat sich außerdem die Nutzung von selbstklebenden Haftbandagen bewährt. Wunden, die die Haut vollständig durchdringen, sollten auf jeden Fall vom Tierarzt kontrolliert und versorgt werden. Nutzen Sie Einweg-Handschuhe, wenn Sie Wunden versorgen, um keinen zusätzlichen Dreck in die Wunde zu bringen.

Bei einer Reizung der Bindehaut eignen sich Euphrasia-Tropfen, die es bereits für einzelne Anwendungen in Pipetten abgepackt zu kaufen gibt. Jede Verletzung des Auges sollte am gleichen Tag tierärztlich überprüft werden. Nutzen Sie keinesfalls alte, geöffnete Salben oder Tropfen.

Für Verletzungen an den Hufen empfehle ich immer ein paar Windeln vorrätig zu haben, aus denen sich ganz einfach Hufverbände basteln lassen. Üben Sie sowohl einen Röhren- als auch einen Hufverband ruhig schon einmal ohne Notfall, damit Sie im Ernstfall routinierter sind. Bei einer Überhitzung hilft, wie bei Mensch und Hund, vorsichtiges Herunterkühlen und umgekehrt bei Kältesymptomen das behutsame Wärmen. Zusätzlich ergänzen Zeckenzange, Panzertape, Einwegspritzen und Tonerde die Notfallapotheke. Chronische Erkrankungen oder Unverträglichkeiten sollten mit dem Haustierarzt abgesprochen werden, damit in diesen Fällen entsprechende Medikamente immer bereitstehen.

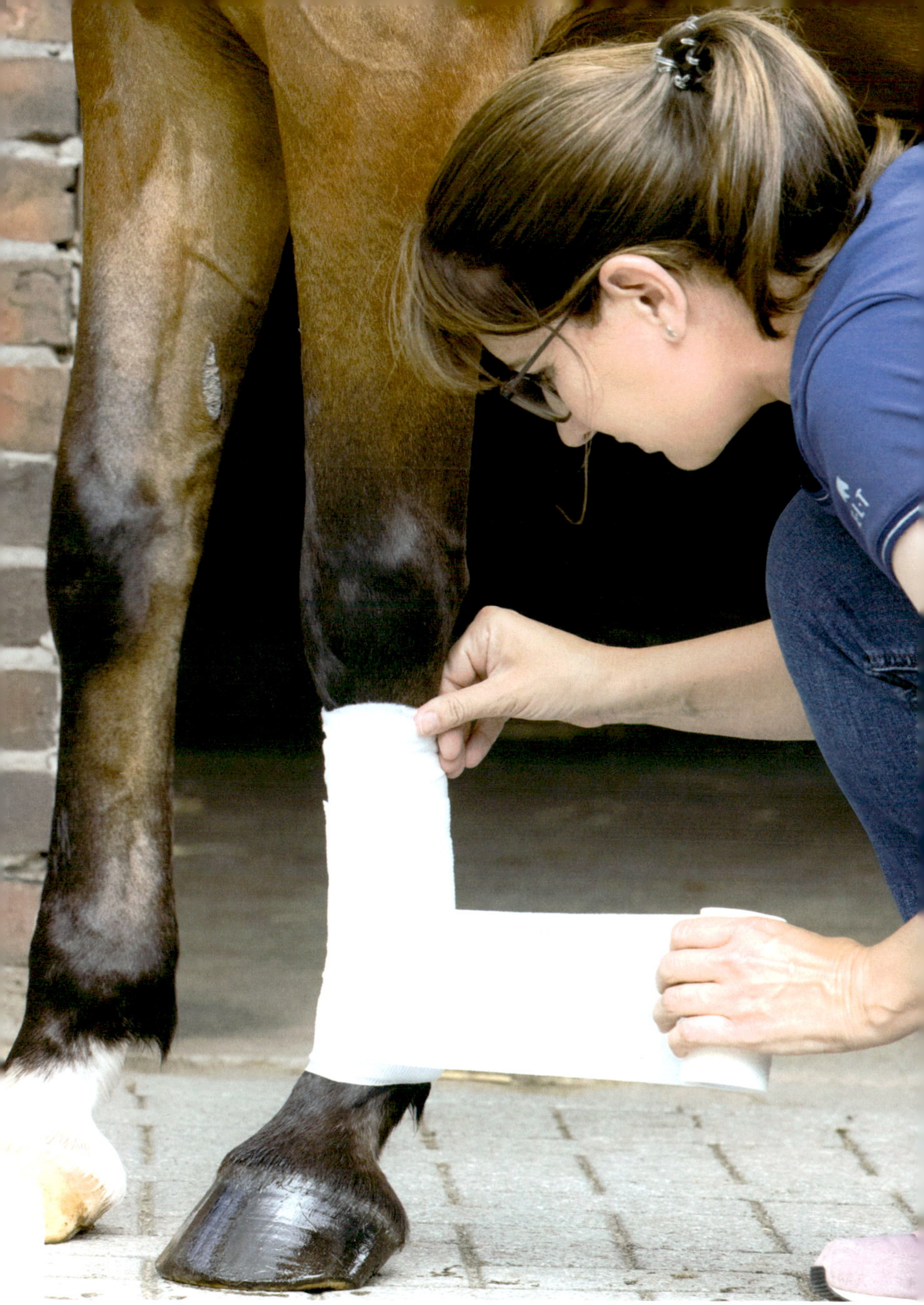

Mit einem Fieberthermometer
messen Sie rektal die Temperatur des Pferdes. Sie sollte zwischen 37 bis 38,2 Grad Celcius liegen, der Puls etwa bei 32 Schlägen pro Minute und die Atemfrequenz bei acht bis 16 Zügen pro Minute. Diese PAT-Werte helfen dem Tierarzt, den Notfall besser einzuschätzen.

65 Pferdedecken

Optimaler Schutz bei jedem Wetter

Pferdedecken sind sozusagen der Mantel fürs Pferd, und wie bei Mänteln gibt es auch zahlreiche Modelle, die sich in ihrer Funktion unterscheiden.

Eine der bekanntesten Arten von Pferdedecken ist die Abschwitzdecke. Diese Decke besteht meistens aus Fleece und wird verwendet, um das Pferd nach dem Training trocken und warm zu halten. Sie absorbiert Schweiß und Feuchtigkeit und ermöglicht es dem Pferd, schnell zu trocknen und wird deshalb gern im Winter genutzt.

Eine weitere Art ist die Regendecke. Diese Decke besteht aus wasserdichtem Material und schützt das Pferd vor Nässe. Häufig sind Pferde nicht kälteempfindlich, aber frieren und verspannen sich, wenn sie lange im Regen stehen.

Für den Winter gibt es spezielle Decken, die aus dickem und isolierendem Material bestehen. Diese Decken halten das Pferd warm und schützen es vor Kälte und Wind. Winterdecken sind in verschiedenen Wattierungen erhältlich, je nachdem, wie kalt es ist und wie viel Schutz das Pferd benötigt. Einige haben auch einen abnehmbaren Hals- und Bauchschutz, um optimal zu wärmen.

Zusätzlich zu den oben genannten Decken gibt es auch Fliegendecken, die das Pferd vor Insekten schützen. Diese Decken bestehen aus einem leichten und atmungsaktiven Material und haben oft einen integrierten Insektenschutz. Vor allem in warmen Sommermonaten, wenn Insekten sehr aktiv sind, erleichtern Fliegendecken insbesondere Pferden mit Sommerekzem den Alltag.

Beim Kauf einer Pferdedecke ist es wichtig, die richtige Größe für das Pferd zu wählen. Eine zu kleine oder unpassende Decke kann unbequem sein und das Pferd in seiner Bewegung einschränken und zu Druckstellen führen. Außerdem sollten alle Decken aus hygienischen Gründen regelmäßig gereinigt werden. Viele Reitsportgeschäfte bieten dafür einen speziellen Service an, da die großen Decken häufig nicht in die Waschmaschine passen.

Individuelle Bedürfnisse
Ob ein Pferd eingedeckt werden sollte oder ohne Decke auskommt, muss immer individuell und nach verschiedenen Faktoren wie Alter, Felldichte und Haltungsform entschieden werden.

66_Pferde im Staatsdienst

Kommissar Fury im Einsatz

Im Bereich der Repräsentation sind Pferde im Staatsdienst vor allem bei offiziellen Anlässen anzutreffen. Sie werden bei Staatsbesuchen eingesetzt, um die Gäste zu empfangen oder um bei Paraden mitzuwirken. Die Tiere verleihen solchen Veranstaltungen eine besondere Atmosphäre und symbolisieren Stärke und Eleganz. Wer kennt nicht die Horse-Guards-Parade in London vor dem Buckingham Palace oder die traumhaften Kutschen der königlichen Familie bei Staatsanlässen und Feierlichkeiten?

Aber Pferde im Staatsdienst übernehmen auch andere Aufgaben. In einigen Ländern werden sie beispielsweise von der Reiterstaffel genutzt. Diese Pferde sind besonders gut ausgebildet und können in Menschenmengen für Ordnung sorgen, da sie sehr beeindruckend wirken. In Deutschland werden sie häufig bei Fußballspielen oder Demonstrationen eingesetzt und sind somit eine wertvolle Unterstützung für die Polizei. Ein weiterer Pluspunkt: Die Anwesenheit der Pferde wirkt beruhigend auf Menschen, und es kommt zu weniger Gewalt. Das Stellenprofil: Nervenstarke, mindestens 1,68 Meter große Wallache im Alter von vier bis acht Jahren.

Auch im militärischen Bereich spielen Pferde eine große Rolle. Sie werden beispielsweise bei Zeremonien oder Paraden eingesetzt, um die Truppen zu repräsentieren. Darüber hinaus werden sie auch für praktische Aufgaben genutzt, wie zum Beispiel bei der Grenzüberwachung oder bei Patrouillen in schwer zugänglichen Gebieten. Pferde sind in solchen Situationen oft schneller und wendiger als motorisierte Fahrzeuge und können somit in Gebieten genutzt werden, wo man mit dem Auto nicht hinkommt. Häufig werden sie dabei von ihren Kollegen, den Maultieren unterstützt. Diese sind trittsicher und können große Lasten tragen. Bei der Bundeswehr unterstützen sie die Gebirgsjäger.

Was ich mich gerade frage – bleiben Pferde auch als Rentner Beamte auf Lebenszeit?

Teamarbeit

Egal ob Spürhund, Gebirgsmuli oder Polizeipferd – die Tiere haben oft eine sehr enge Bindung zu ihrem menschlichen Kollegen und arbeiten mit ihnen als eingeschweißtes Team zusammen.

67 Pferde- versus Menschenjahre

Wie wir unsere Lebensphasen durchlaufen

Wer wissen will, wie alt ein Pferd wird, trifft meist auf die Behauptung, dass seine durchschnittliche Lebenserwartung 25 bis 30 Jahre sei. Tatsächlich hängt seine Lebensspanne allerdings von vielen Faktoren ab, darunter von der Rasse, der Größe, der Aufzucht, der Haltung, der Pflege, der genetischen Veranlagung, der sportlichen Nutzung und so weiter. Pferde altern also unterschiedlich schnell, und außerdem altern Ponys auch noch langsamer als Warmblüter, und diese können im Schnitt wiederum älter werden als Kaltblüter.

Immerhin durchlaufen wir ähnliche Lebensphasen wie unsere vierbeinigen Partner, nur das deren Entwicklung zu Beginn wesentlich schneller vorangeht und sich erst nach der Pubertät verlangsamt. So beginnen Fohlen schon wenige Wochen nach der Geburt mit dem Grasen. Das Entwicklungsstadium eines einjährigen Pferdes lässt sich ganz grob mit dem eines gut sechsjährigen Kindes vergleichen. Mit etwa 18 Monaten sind Pferde meist schon geschlechtsreif (aber noch nicht zuchtreif), allerdings haben sie je nach Rasse und Größe erst mit fünf bis sieben Jahren die Pubertät hinter sich und damit ihre Endgröße erreicht. Ihr Knochenbau und ihr Geist sind dann so ausgereift, dass sie voll belastbar sind. Mit anderen Worten treten sie dann in die Lebensphase junger Erwachsener ein. Mit 13 Jahren lassen sich Warmblüter mit gut 40-jährigen Menschen, Ponys dagegen erst mit gut 30-jährigen Menschen vergleichen. Schwere Kaltblüter können mit 13 bereits in der Lebensphase eines über 50-jährigen Menschen sein. Weitere drei Jahre gealtert, treten Warmblüter dann schon den Lebensabschnitt der Best-Ager, also der über 50-Jährigen an, um dann mit 20 Jahren ungefähr den Entwicklungsstand eines 60-jährigen Menschen erreicht zu haben. Am Ende haben 30-jährige Pferde oder aber 40-jährige Ponys eine ähnliche Lebensphase und das stolze Alter etwa 85- bis 90-jähriger Menschen erreicht.

Einem geschenkten Gaul schaut man nicht ins Maul
Oder doch? Typische Veränderungen und Verfärbungen des Gebisses wie Zahnwechsel, Kundenabrieb auf den Kauflächen, Sichtbarkeit der Kernspur auf den Kauflächen und Form der Kauflächen, Länge der Krone auf den Eckzähnen des Oberkiefers und so weiter lassen nämlich Rückschlüsse auf das Alter des Pferdes zu.

68 Die Pferdeklinik

Modernste Medizin für Vierbeiner

Die Pferdeklinik ist eine spezialisierte Einrichtung, die sich allein auf die medizinische Versorgung und Behandlung von Pferden konzentriert. Wie in einem Krankenhaus gibt es Ärzte, Tiermedizinische Fachangestellte und Mitarbeiter in der Verwaltung. Eine Klinik hat im Gegensatz zu einer Praxis an 365 Tagen rund um die Uhr für ihre Patienten geöffnet.

In einer Pferdeklinik arbeiten Tierärzte, die auf Pferdemedizin spezialisiert sind und über umfangreiches Wissen und Erfahrung in der Diagnose und Behandlung von Pferdekrankheiten verfügen. Sie nutzen modernste Technik, um genaue Diagnosen zu stellen und effektive Behandlungspläne festzulegen. Häufig gibt es unterschiedliche Fachbereiche wie die Orthopädie, Internistik und Chirurgie.

Die Pferdeklinik bietet eine Vielzahl von Dienstleistungen an, darunter Ankaufs- und Lahmheitsuntersuchungen, Zahnbehandlungen und vieles mehr. Sie verfügt oft auch über spezielle Untersuchungsmöglichkeiten wie Röntgen, CT/MRT, Szintigrafien, Ultraschall, Endoskopien und Blutuntersuchungen, um genaue Diagnosen stellen zu können.

Darüber hinaus bietet die Klinik auch chirurgische Eingriffe an, sowohl geplante Operationen als auch Notfalloperationen. Sie verfügt über Operationssäle und ein Team qualifizierter Chirurgen, um eine kompetente Durchführung der Operationen zu gewährleisten. Operationen können je nach Eingriff am stehenden Pferd oder in Vollnarkose durchgeführt werden. Damit die hohen Kosten übernommen werden, haben viele Pferdebesitzer eine Kranken- oder Operationsversicherung.

Ein weiterer wichtiger Aspekt ist die Notfallversorgung. Dazu gehören neben akuten Verletzungen und Koliken beispielsweise komplizierte Geburten. Besonders an den Wochenenden und nachts sind die Haustierärzte meist durch Personalmangel nicht im Dienst und verweisen auf eine der umliegenden Kliniken.

Fachleute

Häufig arbeiten die Tierärzte mit Pferdephysiotherapeuten und Reha-Ställen zusammen, um eine umfassende Betreuung und Behandlung der Pferde sicherzustellen.

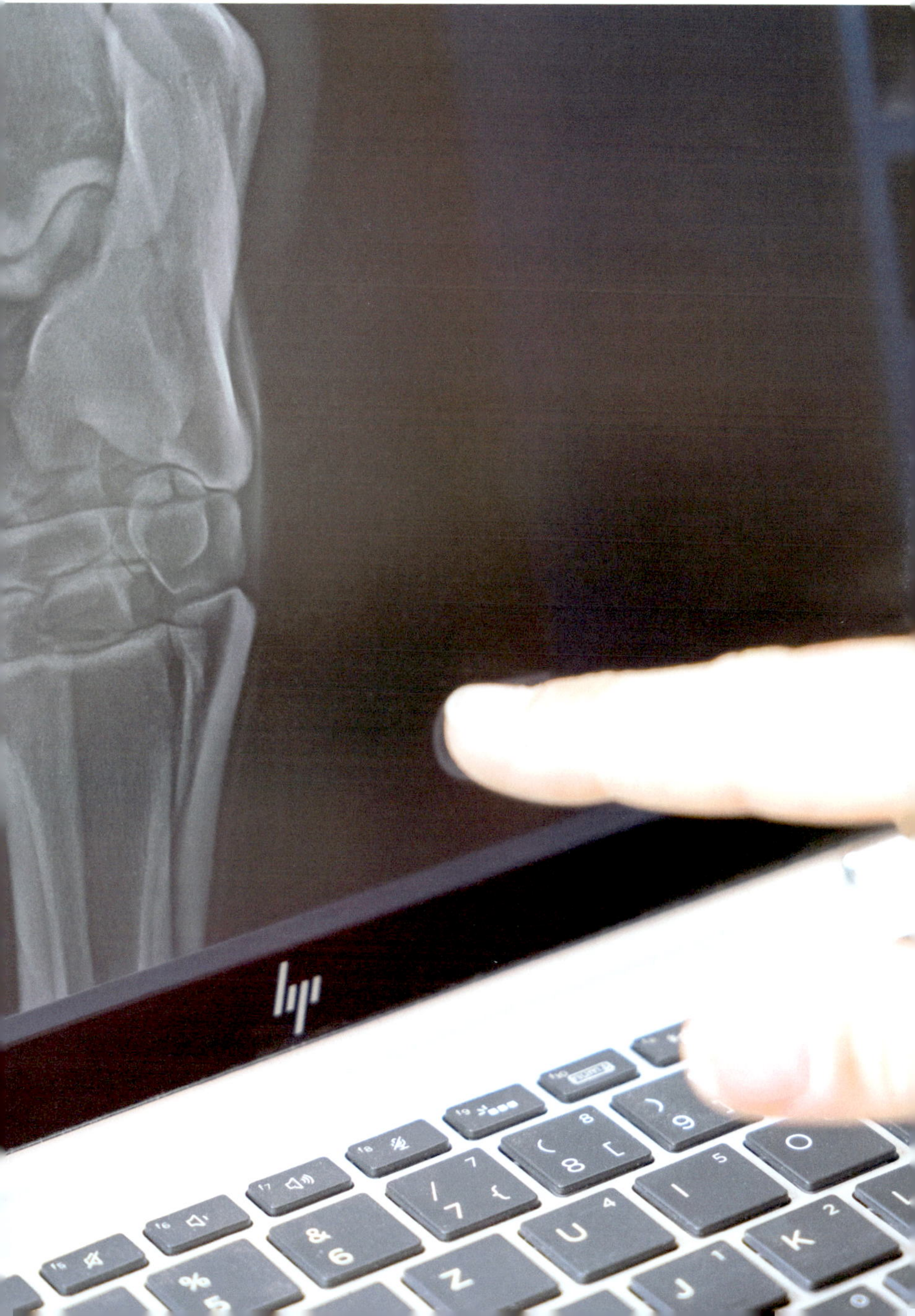

69 Pferdepflege

Was gehört alles in die Putzbox?

Das Tierschutzgesetz schreibt Pferdehaltern unter anderem vor, Tiere nach ihrer Art und ihren Bedürfnissen entsprechend angemessen zu ernähren, zu pflegen und verhaltensgerecht unterzubringen, daher dienen Fell- und Hufpflege in erster Linie der Gesunderhaltung und der Steigerung des Wohlbefindens der Pferde, fördern aber aufgrund der körperlichen Nähe gleichzeitig eine vertrauensvolle Bindung.

Der Mensch übernimmt mit der Fellpflege quasi die Aufgabe eines Herdenkumpels, daher gehören zur Pferdepflege-Grundausstattung unter anderem ein Striegel, um das Fell grob zu reinigen, Schmutz zu lockern, die darunterliegende Muskulatur zu massieren und so die Durchblutung zu fördern. Mit einer Kardätsche genannten, relativ feinen Bürste werden Schmutz, Hautschuppen und abgestorbene Haare oder nach dem Reiten getrocknete Schweißränder und verklebte Stellen entfernt. Bei Pferden und Ponys mit dickem Winterfell helfen meist nur grobborstige Bürsten oder spezielle Putzhandschuhe, wobei die isolierende Talg-Fettschicht auf der Haut dabei möglichst wenig irritiert werden sollte. Mähne und Schweif entwirrt man zunächst vorsichtig mit den Fingern und bürstet sie danach behutsam aus, um zu verhindern, dass das vor Wind und Wetter schützende Langhaar dabei ausreißt. Augen, Nüstern und Geschlechtsteile lassen sich am besten mit weichen Schwämmen (unbedingt unterschiedliche Schwämme für die verschiedenen Körperteile verwenden) reinigen und der empfindliche Kopf mit einer extraweichen Bürste oder einem Pflegehandschuh aus Schaffell. Viele Pferde genießen es bei warmen Temperaturen, abgeduscht zu werden, daher gehört auch ein Schweißmesser in den Putzkasten, mit dem das Wasser hinterher aus dem Fell abgestreift werden kann. Für das Säubern der Hufe gehören Hufkratzer und Wurzelbürste in die Putzbox und zur Pflege spröder Hufe zusätzlich ein pflegendes Huffett oder -öl.

Putzbox und Utensilien
Um das Übertragen von Krankheiten wie Pilzinfektionen zu verhindern, sollten die Putzutensilien nicht nur regelmäßig gereinigt und desinfiziert, sondern für jedes Pferd ein eigener Putzkasten genutzt werden.

70 Pferderennsport

Wenn auf Pferde gewettet werden darf

Die Tradition der Pferderennen, ob reiterlos, mit Reitern oder mit Wagen, über Hindernisse und als Flachrennen, reicht weit bis in die Antike zurück und hat überall auf der Welt Spuren hinterlassen. Die Ilias erwähnt das große Wagenrennen des Achill, in der nordischen Mythologie wetteten bereits die Götter auf schnelle Pferde, und Araber veranstalteten Distanzrennen. Für die alten Römer waren Pferderennen von großer wirtschaftlicher Bedeutung und auch im vorchristlichen China zogen sie bereits Zuschauermassen an. Ab dem 17. Jahrhundert wurden professionelle Pferderennen und die damit verbundenen Wetten in den europäischen Adelshäusern immer beliebter. Daher wurden auf der Basis arabischer Pferde systematisch immer schnellere Vollblutpferde (siehe Kapitel 50) – wie das englische Vollblut und die französischen Traber (Trotteur français) – gezüchtet, die heute noch in Deutschland auf 41 Galopp- und Trabrennbahnen um die Wette laufen, nachdem 1822 das erste deutsche Galopprennen in Mecklenburg stattfand.

Während in Deutschland heute nur noch die von Jockeys auf Rennbahnen in verschiedenen Distanzen gerittenen Galopprennen und die in Sulkys gefahrenen Trabrennen eine große Rolle spielen, sind zum Beispiel in Frankreich auch gerittene Trabrennen oder in der Schweiz das Skijöring im Schnee sehr beliebt. Leistungszuchten bringen die schnellsten Traber und Galopper hervor, daher treten im Galopprennsport bei den klassischen Zuchtrennen jeweils die Pferde eines Jahrgangs gegeneinander an, wobei die Derbys die wichtigsten Rennen für dreijährige Pferde sind. Bei großen Rennen winken Fahrern, Jockeys, Züchtern und Besitzern hohe Gewinnsummen. Das Wetten auf die Ergebnisse von Pferderennen nach dem Totalisator-Prinzip (Toto-Wetten) gehört nicht nur zu den wenigen legalen Glücksspielen, sondern machte den Sport von Anfang an bei allen Bevölkerungsschichten sehr beliebt.

Hoppegarten
1868 wurde in Berlin nach Pariser Vorbild die erste Galopprennbahn Deutschlands feierlich eröffnet. Da auf dem Areal des einstigen Rittergutes zuvor Hopfen angebaut worden war, erhielt sie im Volksmund schnell den Namen Hoppegarten.

71 Pferdeversicherungen

Im Falle eines Falles ist versichert sein alles

Es gibt verschiedene Arten von Pferdeversicherungen, die eine wichtige finanzielle Absicherung für Pferdebesitzer bedeuten. Die wichtigste Versicherung ist eine Tierhalter-Haftpflichtversicherung, da sie in begrenzter Höhe für alle Personen-, Sach- und Vermögensschäden aufkommt, die Ihr Pferd verursacht. Dabei ist es wichtig, dass sowohl Mietsachschäden, als auch die Teilnahme an Turnieren und anderen Veranstaltungen abgedeckt sind. Sollten Sie eine Reitbeteiligung haben, ist es ratsam, auch diese mit in der Police aufzunehmen.

Eine weitere wichtige Versicherung für Pferde ist die OP-Versicherung und/oder eine Krankenversicherung. Diese decken die Kosten für Tierarztbehandlungen und Operationen ab, die aufgrund von Verletzungen oder Krankheiten erforderlich sind. Operationen sind sehr teuer, und eine OP-Versicherung kann den Pferdebesitzer vor erheblichen finanziellen Belastungen schützen. Eine Kolik-OP kostet beispielsweise durchschnittlich 8.000 Euro. Hinzu kommen Voruntersuchungen und der Klinikaufenthalt nach der Operation mit täglichen Kontrollen, Verbandswechseln, Blutuntersuchungen und vielem mehr. Schnell schießen die Kosten durch die Decke. Am besten versichern Sie Ihr Pferd bereits, wenn es jung und gesund ist, da viele Versicherungen ältere und chronisch kranke Pferde nur mit großen Einschränkungen annehmen.

Etwas spezieller sind dagegen Lebens- und Leibesfrucht- sowie die Auktions-»Fall of Hammer«-Versicherung. Diese Absicherungen sind nur bei einem entsprechendem Wert des Pferdes sinnvoll.

Bevor man eine Pferdeversicherung abschließt, ist es wichtig, die verschiedenen Policen zu vergleichen und die Bedingungen und Deckungsumfänge sorgfältig zu prüfen. Es ist auch ratsam, sich von einem spezialisierten Pferdeversicherer beraten zu lassen, um sicherzustellen, dass man die richtige Versicherung für die individuellen Bedürfnisse des Pferdes abschließt.

Das Internet
bietet viele Vergleichsportale für Versicherungen. Ein persönlicher Ansprechpartner hilft aber bei konkreten Fragen und steht Ihnen im Schadensfall zur Seite.

72 Pferde vor der Apotheke

Warum Pferde nicht kotzen können

Pferde können sich nicht übergeben. Der Grund dafür liegt in der Anatomie des Pferdemagens. Anders als bei uns Menschen, Katzen oder Hunden besitzt der Magen des Pferdes einen Schließmuskel zwischen Speiseröhre und Magen, der die Nahrungsaufnahme zur Einbahnstraße macht. Auch ist der Übergang der Speiseröhre in den Magen ziemlich spitzwinklig. So ist die Bauweise des Pferdemagens eine anatomische Besonderheit und nicht besonders vorteilhaft. Jeder, dem schon mal schlecht war, kennt den Erleichterung verschaffenden Effekt des Übergebens.

Diese anatomische Besonderheit hat natürlich einige Nachteile für die Pferde. Sie können keine Fremdkörper oder verdorbene Nahrung aus ihrem Magen entfernen. Dies kann zu ernsthaften Problemen wie Koliken führen (siehe Kapitel 56). Auch ein Überfressen kann dadurch zum gesundheitlichen Fiasko werden, da der Magen des Pferdes nur ein Fassungsvolumen von zehn bis 15 Litern hat.

Koliken sind eine der gefährlichsten Erkrankungen bei Pferden und können lebensbedrohlich sein. Sie entstehen oft durch eine Verstopfung oder Verdrehung des Darms, die den normalen Verdauungsprozess behindert. Da Pferde sprichwörtlich nicht kotzen können, besteht die Gefahr, dass der Magen rupturiert, wenn weiter Nahrung aufgenommen wird. Tierärztliche Hilfe ist in solchen Fällen dringend erforderlich, um das Leben des Pferdes zu retten. Mit Hilfe einer Nasen-Schlund-Sonde kann der Magen entleert werden, bis der Darmverschluss behoben ist.

Pferde sind darauf ausgelegt, den ganzen Tag über kleine Mengen an Nahrung aufzunehmen und diese kontinuierlich zu verdauen. Im Stallalltag muss deswegen dafür Sorge getragen werden, dass man dem natürlichen Fressverhalten ebenso gerecht wird, wie dem Bewegungsbedürfnis der Tiere. Die Peristaltik, also Darmbewegung, die den Futterbrei im Darm weitertransportiert, funktioniert nur eingeschränkt, wenn sich das Pferd zu wenig bewegt.

Besser ausgedrückt
Kotzen ist kein schönes Wort – in der traditionellen chinesischen Medizin heißt es deshalb schöner: rebellierendes Magen-Qi.

73 Physiotherapie für Pferde

Wellness für mein Pferd

Physiotherapie für Pferde hat das Ziel, die Gesundheit und die Leistungsfähigkeit von Pferden zu verbessern. Sie umfasst eine Vielzahl von Techniken und Behandlungen, die darauf abzielen, Schmerzen zu lindern, die Beweglichkeit zu verbessern und die Rehabilitation nach verletzungsbedingten Pausen und Operationen zu unterstützen.

Ein wichtiger Aspekt der Physiotherapie für Pferde ist die manuelle Therapie. Sie beinhaltet Techniken wie Massage, Dehnungen und Gelenkmobilisationen, um Verspannungen zu lösen, die Durchblutung zu verbessern und die Beweglichkeit zu fördern.

Neben der manuellen Therapie umfasst die Physiotherapie für Pferde Methoden wie Magnetfeld- und Lasertherapie. Auch Wärme zur Entspannung und Kälteanwendungen, wie Kneippsche Güsse werden genutzt. Diese Techniken wirken schmerzlindernd, entzündungshemmend und werden zur Förderung der Geweberegeneration eingesetzt.

Die Physiotherapie für Pferde kann bei einer Vielzahl von Erkrankungen und Verletzungen eingesetzt werden, wie zum Beispiel bei Muskelverspannungen, Sehnen- und Bänderverletzungen, Arthrose, Rückenproblemen und neurologischen Erkrankungen. Sie kann aber auch zur Verbesserung der Leistungsfähigkeit angewendet werden, indem sie die Beweglichkeit, die Kraft und die Ausdauer des Pferdes fördert.

Alle Anwendungen sollten immer von einem qualifizierten und erfahrenen Tierphysiotherapeuten durchgeführt werden, der sich mit dem behandelnden Tierarzt, dem Hufschmied und eventuell auch mit dem Trainer des Pferdes abspricht. Der Therapeut wird eine gründliche Anamnese und Untersuchung des Pferdes durchführen, um die genaue Ursache der Probleme herauszufinden und einen individuellen Behandlungsplan zu erstellen. Die Behandlungen sollten regelmäßig wiederholt werden, um das Pferd fit zu halten. Die Kosten für physiotherapeutische Anwendungen zahlt der Pferdebesitzer selbst.

Wellness
Pferde lieben eine Massage. Finden Sie heraus, wo die Lieblingsstelle Ihres Vierbeiners ist – das »Nasenbarometer« zeigt Ihnen, wie gut Sie sind.

74 Polo

Teamgeist und rasantes Tempo

Nachdem in Persien schon vor 2.700 Jahren Nomadenkrieger angeblich die abgeschlagenen Köpfe ihrer Feinde vom Pferd aus mit einem Stock durch die Gegend kickten, entwickelte sich dort daraus ein Spiel mit einem kleinen Lederball, um in Friedenszeiten Reiter und Pferde fit und kampfbereit zu halten. Aufzeichnungen zufolge fand 600 v. Chr. das erste Poloturnier zwischen Persern und Turkmenen statt, bevor sich der Kampf um den Ball zunehmend in der ganzen asiatischen Welt verbreitete und vielfach zum Nationalsport wurde. In ihren indischen Kolonien vertrieben sich Mitte des 19. Jahrhunderts auch die berittenen englischen Offiziere ihre Zeit mit dem »Hockey zu Pferde«, gründeten 1859 ihren ersten Poloclub in Cachar (Assam), nannten das Spiel Polo (vom tibetanischen *pulu* für Ball) und begeisterten nach ihrer Rückkehr in die Heimat ihre Landsleute so sehr von dem Sport, dass Großbritannien bis heute zu den großen Polonationen zählt.

Englische Farmer waren es auch, die Polo Ende des 19. Jahrhunderts in Argentinien einführten, wo sich das Spiel schnell zum Volkssport entwickelte und wo sich daher bis heute das Zentrum der Polopferdezucht befindet. Auch der erste 1898 in Hamburg – natürlich nach englischem Vorbild – gegründete deutsche Poloclub importierte seine »Ponies« aus Argentinien. Mit vier bis sechs Pferden kommen die vier Polospieler pro Team auch zum etwa 274 x 183 Meter großen Platz, um sie spätestens nach jedem der Chukka (den in Europa vier Spielzeiten à 7,5 Minuten) zu wechseln, aber auch, um deren individuelle Fähigkeiten strategisch einzusetzen. Von zwei berittenen Schiedsrichtern, zwei Torrichtern und einem Oberschiedsrichter überwacht, wird der knapp neun Zentimeter große Plastikball mit der Breitseite der langen Poloschläger ins gegnerische Tor geschlagen. Schutz und Sicherheit der Vierbeiner werden zwar groß geschrieben, doch der raue Sport und die Ausrüstung verlangen den Pferden sicherlich eine Menge ab.

Polo Argentino
Seit Ende des 19. Jahrhunderts werden in Argentinien mittelgroße, wendige und schnelle Pferde für den Polosport gezüchtet, die aus einer Kreuzung der einheimischen Criollos und Petizos (Nachfahren der Berber und Araber) mit englischen Vollblütern entstanden.

75 Pummelalarm

Wenn Fury aus der Form gerät

Ähnlich dem Menschen gehört das Übergewicht inzwischen auch bei unseren Vierbeinern zu den sogenannten Wohlstandserkrankungen. »Dick sein« ist generell ein Ungleichgewicht zwischen Nahrungsaufnahme und Bewegung und sollte ernst genommen werden, da es zu schweren gesundheitlichen Problemen führt.

Das Equine metabolische Syndrom (EMS) ist eine Stoffwechselstörung, die bei allen Pferderassen auftreten kann. EMS kann verschiedene Symptome und Auswirkungen haben. Zu den häufigsten gehören Übergewicht oder Fettleibigkeit, Insulinresistenz, erhöhte Blutzucker- und Insulinspiegel, Fettansammlungen zum Beispiel am Mähnenkamm und am Schweifansatz sowie eine erhöhte Anfälligkeit für die Erkrankung Hufrehe. Die Behandlung von EMS zielt darauf ab, das Gewicht des Pferdes zu reduzieren und seinen Stoffwechsel zu verbessern. Eine ausgewogene Ernährung ist wichtig, ebenso wie regelmäßige Bewegung und Training. Das Pferd sollte nur noch begrenzte Zeit auf die Wiese, und Leckerlis sollten komplett weggelassen werden, um den Zuckeranteil im Futter zu reduzieren.

Viel wichtiger ist jedoch die Vorbeugung von Übergewicht. Eine bilanzierte Ernährung und ausreichende Bewegung sind entscheidend, um das Risiko zu senken. Pferde sollten regelmäßig gewogen werden, um Veränderungen schnell zu bemerken. Ein kritischer Blick aufs eigene Pferd kann schon helfen.

EMS und massives Übergewicht können ernsthafte Auswirkungen auf die Gesundheit und das Wohlbefinden des Pferdes haben. Unbehandelt kann es zu Komplikationen wie Hufrehe kommen, die zu Schmerzen, Lahmheiten oder bis zum Tod führen können.

Sinnvoll ist es, einen Ernährungsberater kommen zu lassen, der den BCS (Body Condition Score) bestimmt und einen Ernährungsplan erstellt, damit trotz Diät keine Mängel entstehen. Da Pferde Dauerfresser sind, sollten sie auch während einer Gewichtsabnahme ausreichend Raufutter zur Verfügung haben.

Nicht schön und gefährlich
Pummelchen, Dickerchen, Moppelchen – häufig werden bei Übergewicht niedliche Bezeichnungen benutzt, um die Ernsthaftigkeit des Problems herunterzuspielen.

76 Qualzucht

Wenn Pferde dem Kindchenschema genügen müssen

Mini-Pferde mit einer Größe von maximal 87 Zentimetern sind Rassen, zu denen sowohl die Shetlandponys als auch die Partbred Shetlandponys und die American Miniatur Horses gehören. Sie sind bekannt für ihr freundliches Wesen und sehen dabei auch noch unfassbar niedlich aus. Leider gibt es jedoch auch eine dunkle Seite dieser Rasse, die mit Qualzucht in Verbindung gebracht wird.

Qualzucht bezieht sich auf die gezielte Zucht von Tieren mit bestimmten Merkmalen, die oft mit gesundheitlichen Problemen verbunden sind. Bei den Minis sind dies vor allem die extrem kurzen Beine und der kleine Kopf. Diese Merkmale werden von Menschen häufig als »süß« angesehen, können aber zu erheblichen gesundheitlichen Problemen führen.

Trotz ihres kleineren Kopfes entsprechen die Zähne von Minipferden in Größe und Anzahl denen von Großpferden. Unzureichender Platz im Kiefer führt dann zu Schmerzen. Die Ponys können nicht physiologisch fressen und müssen häufig ein Leben lang tiermedizinisch betreut werden. Der kleine Kopf sorgt für Atemprobleme, ähnlich wie bei brachiochephalen, also kurzköpfigen Hunderassen. Der Druck auf die Augenhöhle kann zum Hervortreten der Augäpfel führen. Ein weiteres Problem bei der Qualzucht des Minishetlandponys ist die Überzüchtung auf bestimmte Farben, wie zum Beispiel das sogenannte »Silver Dapple«. Diese Farbe ist aufgrund ihrer Seltenheit und Schönheit sehr gefragt, aber sie geht oft mit genetischen Defekten wie Sehstörungen und Hautproblemen einher.

Es ist wichtig zu betonen, dass nicht alle Minishetlandponys von Qualzucht betroffen sind. Es gibt auch Züchter, die sich für eine gesunde und artgerechte Zucht einsetzen und darauf achten, dass ihre Ponys frei von genetischen Defekten sind. Diese Züchter legen Wert auf die Gesundheit und das Wohlergehen ihrer Tiere und vermeiden bewusst die Zucht von Ponys mit gesundheitlichen Problemen.

Das Kindchenschema
löst gerade bei Frauen manchmal das Brutpflegeverhalten aus. Hunde und Pferde mit typischen Merkmalen wie großen Augen werden deshalb häufig als niedlich bezeichnet, obwohl sie unter gesundheitlichen Problemen leiden.

77 Rappen

Warum black bei Pferden beautiful ist

Schwarze Katzen galten bereits im Mittelalter als Begleiter von Hexen und Komplizen des Teufels und wurden sogar auf dem Scheiterhaufen verbrannt, weil man ihnen nachsagte, Unglück zu bringen. Bis heute lassen sich schwarze Hunde und Katzen deutlich schlechter vermitteln als solche in anderen Fellfarben. Schwarz gilt immer noch als düstere, dämonische Farbe und ist von vielen Vorurteilen geprägt.

Ganz anders sieht es in der Pferdewelt aus: Black Beauty, Fury, Winnetous Iltschi und Ostwind. Bei Pferden steht die Farbe Schwarz ganz hoch im Kurs und wirkt besonders elegant und edel. Bei Rappen sind Deckhaar, Schweif und Mähne tiefschwarz. Maximal weiße Abzeichen sind erlaubt. Im Mittelalter wurde mit den Pferdefarben sogar ein Status assoziiert. Besonders beliebt waren Pferde mit besonderer Farbe oder Zeichnungen. Wer Respekt oder Furcht einflößen wollte, der ritt einen schwarzen Hengst.

Im Tierreich spricht man bei einer Schwarzfärbung von Melanismus, also Schwarzfärbung von Haut und Haaren durch Melanine. Diese kann neben genetischen Ursachen auch verschiedene andere Gründe haben, wie etwa erhöhte Sonneneinstrahlung, größere Luftfeuchtigkeit, niedrigere Temperaturen. Beim Pferd geht man davon aus, dass die Zucht durch den Menschen der Grund für die schwarze Farbe ist, da das schwarze Fell in der freien Natur nur sehr selten vorkommt und eine schlechte Tarnung für Fluchttiere bedeutet.

Für ihre schwarze Fellfarbe bekannte Rassen sind Friesen, Mérens-Pferde und Fell-Ponys. Viele Rappen bleichen im Sommer leicht aus und tendieren zu braun, ihr Winterfell ist aber wieder schwarz, weswegen sie auch Winterrappen genannt werden. Ein besonderes Phänomen: Viele Schimmel kommen schwarz auf die Welt und werden erst nach einigen Jahren hell. Verursacht wird dieses Phänomen durch eine jahrtausendealte Gen-Mutation, das so genannte Grau-Gen.

Die können alles tragen
Ein kleiner Scherz in der Reiterszene lautet: Kaufe einen Rappen, dann passen Schabracken in jeder Farbe.

78_Redensarten

Da muss ja ein Ross lachen

Sprichwörter und Redewendungen rund ums Pferd gibt es so viele, dass eine Auflistung hier den Rahmen sprengen würde. Interessant ist aber, dass ein großer Teil von ihnen bereits im Mittelalter geprägt wurde, als Minnesänger ihre lyrischen Ergüsse den Liebsten *aus dem Stegreif* – also aus dem Steigbügel – vortrugen oder *Ross und Reiter beim Namen genannt wurden*, weil sie auf Turnieren unter ihren Rüstungen nicht zu erkennen waren. Hier wurden auch schon *Lanzen für jemanden gebrochen*, obwohl die Reiter eigentlich *fest im Sattel saßen*, vor allem der Adel, der zudem auch noch *auf dem hohen Ross saß*. Suchte man damals *jemanden, mit dem man Pferde stehlen konnte*, dann, weil man dafür einen verlässlichen Partner brauchte, schließlich standen auf den Diebstahl teurer Arbeitstiere hohe Strafen. *Hatte eine Sache einen Pferdefuß*, glaubte man, dass der Teufel seine Hand im Spiel gehabt haben musste, da dieser häufig mit einem solchen dargestellt wurde.

Hat eine Person eine *wahre Rossnatur* oder eine *Pferdelunge*, dann gilt sie als besonders robust und kann vermutlich auch *arbeiten oder schuften wie ein Pferd* und muss dafür nicht erst *auf Trab gebracht werden*. Vielleicht ist er aber auch so stur, dass *ihn keine zehn Pferde dazu bringen könnten*, etwas gegen seinen Willen zu tun oder *gehen mit ihm die Pferde durch,* wenn er die Beherrschung verliert. Hat er *die Pferde vorher scheu gemacht*, dann, weil er unnötig für Aufregung gesorgt hat. Oder war er einfach etwas voreilig? Dabei sollte man doch immer *sachte mit den jungen Pferden sein*, also langsam mit der Ausbildung beginnen und dabei natürlich wie bei einer Wette *immer auf das richtige Pferd setzen*. Benimmt sich jemand so übermütig, *als könnten ihn keine zehn Pferde von seiner Tat abbringen* beziehungsweise als sei *er vom Hafer gestochen*, dann vermutete man früher, besonders aufgedrehte Pferde würden die unverdaulichen Haferspelzen am Po piksen, denn letztlich hat ja noch niemand *Pferde kotzen sehen*.

Der Amtsschimmel
Wer auf ihm herumreitet, ist pedantisch und hält sich besonders streng an bürokratische Vorschriften. Dabei hat diese Redewendung nichts mit Pferden zu tun, sondern leitet sich vermutlich von einem alten, in österreichischen Amtsstuben gebräuchlichen Musterformular namens *Simile* ab, mit dessen Hilfe man ähnliche Fälle nach Schema F behandeln konnte.

79 Rekorde in der Pferdewelt

Höher, schneller, weiter …

Eigentlich sollte man meinen, dass die meisten Rekorde recht kurzlebig sind und schnell wieder gebrochen werden, daher ist es umso erstaunlicher, dass der von dem Vollblüter Huaso und seinem chilenischen Reiter Captain Alberton Larraguibel 1949 aufgestellte Weltrekord im Hochsprung immer noch aktuell ist. Nach einer erfolglosen Karriere auf der Rennbahn, entdeckte man in der chilenischen Kavallerie zufällig beim Freisprung die besondere Qualität dieses Pferdes. Zwei Jahre wurde Huaso daraufhin systematisch auf den Weltrekord hin trainiert, den zuvor 1938 ein italienisches Pferd mit 2,44 Metern aufgestellt hatte. Am Tag des Rekordversuchs in Chile war Huaso bereits 16 Jahre alt und schaffte es im dritten Anlauf dennoch, das 2,47 Meter hohe Hindernis zu überwinden. Den Rekord im Weitsprung hält seit 1975 das Pferd Something mit seinem südafrikanischen Reiter André Ferreira inne, das dafür ein etwa 8,40 Meter breites Wasserhindernis überwand.

Den Geschwindigkeitsrekord hält seit 2008 die englische Vollblutstute Winning Brew, die es bei einem Rennen in den USA über eine Strecke von 402 Metern auf 70,76 Kilometer pro Stunde brachte. Als stärkste Pferde der Welt gelten seit 1984 die beiden in der Schweiz als Brauereipferde genutzten Kaltblüter (Shire Horses) Monti und Captain, die zusammen einen 44.211 Kilo schweren, mit Schutt beladenen Lastzug zogen. Das taten sie allerdings erst, als man ihnen noch den vertrauten Bierwagen vor den Lastzug spannte.

Einen der jüngsten Rekorde gelang dem blinden Appaloosa-Wallach Endo, der am 29. Oktober 2022 als schnellstes blindes Pferd im Slalomlauf mit seiner Reiterin fünf Slalomstangen in 6,93 Sekunden durchlief. Endo, dem aus medizinischen Gründen beide Augen entfernt werden mussten, erzielte zuvor bereits den Blinden-Rekord für den höchsten Freisprung (106 Zentimeter) und für die meisten fliegenden Wechsel (39) in einer Minute.

Rekord beim Voltigieren
Der Dänin Amanda Stallsoe gelang am 22. Januar 2023 mit 13 Sprüngen auf dem Pferd Charlie der Rekord für die meisten Sprünge aus dem Stand auf dem Pferd in 30 Sekunden.

80_Rentner

Wer rastet, der rostet

In Rente sind Pferde, die aufgrund ihres Alters und körperlichen Einschränkungen nicht mehr voll belastet und geritten werden können. Sie haben oft lange Jahre treue Dienste geleistet und verdienen es, ihren Ruhestand zu genießen und weiterhin umsorgt zu werden. Rentnerpferde haben besondere Bedürfnisse, die berücksichtigt werden müssen. Sie benötigen möglicherweise eine spezielle Fütterung, die auf ihre altersbedingten Anforderungen zugeschnitten ist, wie zum Beispiel eingeweichte Heucobs, wenn ihre Zähne schlechter geworden sind. Auch Kräuter und Ergänzungsfuttermittel zur Unterstützung der Gelenke helfen dabei, dass die Oldies sich schmerzfrei bewegen können. Weißdorn beispielsweise hilft alten Pferden bei Kreislaufproblemen.

Gemeinsame Spaziergänge sind auch für Rentnerpferde von großer Bedeutung. Regelmäßige Bewegung hilft, ihre Gelenke und Muskeln gesund zu halten und kann auch dazu beitragen, Übergewicht zu vermeiden. Weideflächen bieten ihnen die Möglichkeit, sich frei zu bewegen, zu grasen und soziale Interaktionen mit anderen Pferden zu haben.

Die Unterbringung von Rentnerpferden sollte individuell beurteilt werden. Der Stall sollte gut belüftet sein und über ausreichend Platz für Bewegung verfügen. Es ist wichtig, dass der Boden rutschfest ist, um Stürze zu vermeiden, und dass die Einstreu weich und bequem ist. Nicht jeder Rentner ist für ein Leben in einer Wohngemeinschaft geeignet. So mancher Oldie zieht es vor, mit einigen gleichaltrigen Freunden in einer ruhigen Atmosphäre zu leben und nachts allein zu schlafen, da das Leben im Offenstall auch anstrengend sein kann.

Auch wenn Ihr Pferd Rentner ist und vielleicht körperliche Einschränkungen hat, gibt es viele Beschäftigungen für Körper und Hirn, die fit halten und für Auslastung sorgen. Ein guter Trainer hat sicherlich einige Ideen wie Zirkuslektionen oder Bodenarbeit –, denn wer rastet, der rostet.

Alte Pferde
haben individuelle Bedürfnisse. Entscheiden Sie je nach Tagesform, wie viel Bewegung sinnvoll ist oder ob auch mal ein Tag gefaulenzt werden darf.

81 Rinderarbeit

Vom Ursprung des Arbeitsreitens

Ob das Cutting beim Westernreiten oder die Rinderarbeit als Teil der Working-Equitation (siehe Kapitel 107) – das Treiben von Rindern und das Aussortieren einzelner Tiere aus einer Herde kann sogar Teil von modernen Reitwettbewerben sein.

Zunächst diente das Pferd nur der Arbeitserleichterung der Rinderhirten in Südeuropa, deren Aufgabe es ursprünglich war, wilde, wehrhafte Rinder zu kontrollieren und einzufangen. An die Pferde wurde also von Anfang an ähnliche Anforderungen gestellt, wie an jene der mittelalterlichen Ritter: Sie mussten schnell, wendig, mutig, geländesicher und so gut ausgebildet sein, dass sie Reiterhilfen mühelos gehorchten, um den Reitern beziehungsweise Hirten ihre eigentliche Aufgabe zu ermöglichen. Diese hielten anfangs noch Lanzen und später lange Stöcke in der Hand, um Rinder zu treiben und auf Abstand zu halten, aus denen sich im frühen 17. Jahrhundert in Spanien zum Beispiel die Garrocha entwickelte, die bis heute Verwendung findet.

Mit der Kolonialisierung des amerikanischen Kontinents verbreitete sich auch dort die Rinderarbeit zu Pferde, wobei man sowohl in Nord- als auch in Südamerika schnell das Lasso beziehungsweise die Reata zur Hilfe nahm, um Rinder vom Sattel aus zu fangen. Der *Cow Sense,* die freiwillige und instinktive Mitarbeit des Pferdes beim Rinderselektieren, wurde zum Zuchtziel einiger Pferderassen, die bis heute typischerweise vor allem beim Westernreiten verwendet werden, allen voran natürlich dem American Quarter Horse. Ob nun argentinische Gauchos, spanische Vaqueros, südfranzösische Gardiens, italienische Butteri, mexikanische Charros oder eben die amerikanischen Cowboys – überall hat die berittene Rinderarbeit nicht nur die Pferdezucht der jeweiligen Länder, sondern auch deren Kultur und das Equipment und Outfit für Ross und Reiter geprägt, und es haben sich daraus Turnierdisziplinen und Showvorführungen entwickelt.

Die Doma Vaquera

Die aus Andalusien stammende Reitweise – die Dressur der Rinderhirten – hat die Rinderarbeit der Vaqueros zur Kunstform erhoben, beeindruckende, einhändig gerittene Schaubilder mit der Garrocha hervorgebracht und ist nicht nur in Spanien zum sportlichen Wettbewerb mit festen Regeln avanciert.

82 Rückepferde

Vierbeinige Waldarbeiter

Obwohl Motoren und Maschinen in den meisten Ländern die Pferde fast gänzlich aus der Landwirtschaft verdrängt haben, sind Arbeitspferde, die gefällte Holzstämme in unwegsamen Wäldern bis zu einem gut befahrbaren Weg ziehen, im Rahmen einer naturnahen und schonenden Forstwirtschaft wieder häufiger im Einsatz. Parallel locken ein wenig nostalgisch anmutende Holzrückevorführungen sowie sportliche Wettbewerbe und Meisterschaften im ein- und zweispännigen Holzrücken immer mehr Zuschauer an.

Im Wald kommen meist mittelschwere Kaltblutrassen zum Einsatz, die für den nicht ungefährlichen Job der Holzernte sehr sorgfältig ausgebildet werden müssen. Schließlich sollen sie später die häufig mehrere hundert Kilo schweren, sperrigen Holzstämme durch unwegsames, meist steiles und rutschiges Gelände und durch dichten Baumbewuchs behutsam bis zur Abholstelle ziehen. Dafür müssen sie wendig, trittsicher, zugwillig und absolut nervenstark sein, denn nichts darf sie bei der Arbeit aus der Ruhe bringen. Von ihren Fuhrleuten müssen sie behutsam ans Geschirr, die Leinen und Ketten, an Stimmkommandos, an das Gewicht und an die Geräusche von Traktoren, Kettensägen, knackenden Ästen … gewöhnt werden. Für die Holzernte mit Pferden gibt es verschiedene Methoden, die sich nach den Holzsorten und dem Gelände richten. Häufig angewendet wird das teilmechanisierte Kölner Verfahren: Das Holz wird mit Motorsägen geschlagen, für den Waldboden schonend von Pferden um Bäume herum bis zur Rückegasse gezogen und dann von Tragschleppern bis zum Polterplatz transportiert, wobei es erfahrene Pferde-Mensch-Teams dabei auf Tagesleistungen von bis zu 50 Festmetern bringen.

Die Saison im Wald dauert meist von Oktober bis Mai, und der Pferdeeinsatz wird staatlich gefördert. Die Holzrücker arbeiten in der Regel mit ihren Pferden auf selbstständiger Basis und werden von Forstämtern und Holzfällern angefordert.

Der Arbeitskreis Forstwirtschaft
innerhalb der Interessengemeinschaft Zugpferde e. V. (www.ig-zugpferde.de) befasst sich mit einer rentablen Forstwirtschaft mit Pferdeeinsatz, hat eine Ausbildungs- und Prüfungsrichtlinie verfasst und organisiert Messeauftritte und deutsche Meisterschaften im Holzrücken.

83 Der Sattel

Verbindung zwischen Pferd und Reiter

Der Sattel gehört zum Standard-Equipment für Reiter und Pferde. Er dient dazu, dem Reiter einen sicheren und bequemen Sitz zu ermöglichen und dem Pferd eine gleichmäßige Verteilung des Reitergewichts auf dem Rücken zu bieten.

Es gibt verschiedene Arten von Sätteln, die je nach Reitdisziplin und persönlichen Vorlieben des Reiters ausgewählt werden können. Der Dressursattel zum Beispiel hat eine tiefe Sitzfläche und lange Sattelblätter, um dem Reiter eine aufrechte Position und einen engen Kontakt zum Pferd zu ermöglichen. Der Springsattel hingegen hat eine flachere Sitzfläche und kürzere Sattelblätter, um dem Reiter mehr Bewegungsfreiheit beim Springen zu bieten. Je nach Reitweise werden viele verschiedene Modelle für die unterschiedlichen Bedürfnisse auf dem Markt angeboten.

Ein gut passender Sattel ist von großer Bedeutung für das Wohlbefinden des Pferdes. Ein zu enger oder schlecht angepasster Sattel kann zu Druckstellen, Schmerzen und zu Rückenproblemen beim Pferd führen. Daher ist es wichtig, den Sattel regelmäßig anzupassen und gegebenenfalls auszutauschen, um dem Pferd den bestmöglichen Komfort zu bieten. Gerade durch saisonale Veränderungen der Muskulatur, nach verletzungsbedingten Pausen oder im Wachstum des Pferdes sollte ein besonderer Augenmerk auf die Passform des Sattels gelegt werden.

Achten Sie bei der Auswahl auf die Qualität des Materials und die Verarbeitung des Leders. Außerdem ist es wichtig, dass die verschiedenen Komponenten wie Kopfeisen und Polster immer wieder angepasst und verändert werden können, um einen optimalen Sitz zu gewährleisten. Um den Sattel anzupassen, sollte man auf die Hilfe eines Reitsportsattlers zurückgreifen. Diese Fachleute können den Sattel individuell an das Pferd und den Reiter anpassen und beispielsweise Polsterungen vornehmen. Gute Sattler bieten auch Beratungen zu Sattelunterlagen und -gurten an.

Nehmen Sie Platz
Während der Sattel bei den Nomadenvölkern ausschließlich der Sicherheit des Reiters diente und den Rücken des Reittieres schützen sollte, spielt heute auch die Optik eine große Rolle. Viele Sattlereien bieten neben verschiedenen Materialien auch eine scheinbar unendliche Auswahl an Farben und Kombinationen von Leder und Nähten an.

84 Schlafenszeit

Wenn das Sandmännchen mehrmals kommen muss

Stellen Sie sich vor, Sie müssten im Stehen schlafen. Unvorstellbar? Pferde haben eine Schlafgewohnheit, die als »polyphasischer Schlaf« bezeichnet wird. Im Gegensatz zu den meisten Säugetieren, die einen kontinuierlichen Schlaf über mehrere Stunden haben, teilen Pferde ihren Schlaf in viele kurze Phasen auf. Diese Phasen dauern normalerweise nur etwa 15 Minuten und treten mehrmals am Tag auf. Insgesamt verbringen Pferde viele Stunden mit Ruhen und Dösen. Die reine Schlafzeit bei den meisten Pferden liegt etwa bei drei bis vier Stunden pro Nacht.

Während des Schlafes stehen Pferde normalerweise aufrecht, aber sie können auch liegen, wenn sie sich sicher und entspannt fühlen. Wenn ein Pferd liegt, kann es in einen tiefen Schlafzustand namens REM-Schlaf (Rapid Eye Movement) kommen. Im Tiefschlaf können Pferde sogar träumen und manche strampeln mit den Beinen, als würden sie noch eine Runde laufen.

Pferde haben aber auch die Fähigkeit, energiesparend im Stehen zu schlafen. Dazu haben sie zwei anatomische Besonderheiten. Das starke Nackenband ermöglicht, den Kopf ohne Muskelkraft über dem Boden zu halten. Gleichzeitig können sie ihre Kniescheibe arretieren und stehen dann mit angewinkeltem Hinterbein und dösen. Dabei wird regelmäßig zwischen rechts und links gewechselt. Das ermöglicht ihnen, sich auszuruhen und gleichzeitig fluchtbereit zu bleiben. Diese Fähigkeit ist evolutionär bedingt, da Pferde in freier Wildbahn Beute für Raubtiere sein können.

Die Art und Weise, wie Pferde schlafen, kann sich je nach Umgebung und Herdenzusammenstellung ändern. Rangniedrige Pferde, aber auch sehr wachsame Herdenchefs können zu wenig Schlaf bekommen und Verhaltensauffälligkeiten wie (Pseudo-) Narkolepsie oder REM-Schlafmangel entwickeln. Hier ist es für die Gesunderhaltung besonders wichtig, die Haltungsform zu optimieren, damit das Pferd sich wieder hinlegt und ausruhen kann.

Schlafentzug
ist nicht nur bei Menschen eine Foltermethode. Guter Schlaf sorgt für physische und psychische Gesundheit bei Zwei- und Vierbeinern.

85 Schickimicki

Wenn es auf der Stallgasse funkelt und glitzert

Das waren noch Zeiten, als die Reitkappe mit schwarzem Samt bezogen war und es nur ein einziges Modell gab. Besucht man heute ein Reitsportgeschäft, fühlt man sich direkt wie bei Shopping Queen: Stirnriemen mit bunten Steinen, Stoffe und Materialien, bei denen jeder Textilhersteller vor Neid erblasst. Es glänzt und funkelt – vorbei sind die Zeiten, in denen es die gesteppte Satteldecke ausschließlich in vier Farben gab und alle Reitstiefel schwarz waren.

Auch auf der Stallgasse zeigt der Reiter von heute gern, was très chic ist. Neben der modischen Ausstattung des Zweibeiners mit Funktionsmaterialien, Strass-Applikationen und Stiefeln in allen Ledervariationen, die man sich nur vorstellen kann, wird natürlich auch der geliebte Vierbeiner standesgemäß ausgestattet.

Während früher die Funktionalität Priorität hatte, hat sich die Bling-Bling-Branche fest etabliert, und auf jeder Pferdemesse glitzern die Angebote nur so um die Wette. Der Name des Pferdes wird auf die Deckenkollektion gestickt, und so mancher meiner Kunden besitzt einen eigenen Schrank oder gar ein Zimmer, in dem farblich sortiert die Kollektionen namhafter Reitsporthersteller untergebracht sind.

Über die Notwendigkeit von Accessoires lässt sich sicherlich streiten, aber da wir gelernt haben, dass ein Pferd rosa nicht von grün unterscheiden kann, stört es vermutlich nur die Reitkollegen, wenn auf der Winterdecke lustige Einhörner oder andere Motive zu sehen sind. Wem es nicht gefällt, dem bietet der Markt natürlich auch weiterhin eine große Auswahl an einfarbigen und in klassischen Tönen gehaltenen Produkten. Auch schlicht kann edel sein!

Schönheit liegt ja bekanntlich im Auge des Betrachters –, also gilt das Motto: leben und leben lassen. Die Pferde jedenfalls stört es nicht, wenn im Kleiderschrank Schickimicki herrscht – vorausgesetzt natürlich, alles passt auch so gut, wie es aussieht. Ich jedenfalls bin schon fast traurig, kein Pferd mehr zu haben, wenn ich all die schönen Schickimicki-Accessoires auf Reitsportmessen sehe.

Es blitzt

Trensen, Sättel und Co. sind schon lange nicht mehr nur Equipment, sondern auch modisches Statement auf der Stallgasse. Ob schlicht oder mit viel Glitzer entscheiden Sie als Pferdebesitzer.

86_Shetlandponys

Die Kleinsten werden die Größten sein

Die 170 Kilometer nördlich von Schottland liegenden Shetland-Inseln sind ursprüngliche Heimat und zugleich Namensgeber der kleinsten britischen Ponyrasse, den Shetlandponys. Britischen Forschungen zufolge handelt es sich bei den Minis um eine sehr alte Ponyrasse, die im nördlichen Europa weit verbreitet gewesen sein muss, da schon steinzeitliche Höhlenzeichnungen kleine Pferde mit großer Ähnlichkeit zeigen.

Die im Durchschnitt einen Meter großen Ponys sind ideale Herdentiere, die durch ihr dichtes Unter- und das üppige Deckhaar perfekt für das ganzjährige Leben im Offenstall geeignet sind und denen auch Eis und Schnee nichts ausmachen. Ihre Kraft und der Arbeitswille wurden zunächst genutzt, um sie als Grubenpferde einzusetzen, inzwischen sind sie in fast jedem Stall vertreten und begleiten viele Kinder bei ihren ersten »pferdischen« Momenten.

Wer allerdings denkt, dass man ein Shetlandpony als lebendigen Rasenmäher oder nur als Kinderpony einsetzen kann, der hat sich ordentlich getäuscht. Die kleinen Equiden sind nämlich alles andere als dumm und wollen sowohl körperlich, als auch geistig gefördert und gefordert werden. Ohne genügend körperliche Auslastung entwickeln sie schnell Wohlstandskrankheiten wie Übergewicht und Hufrehe. Ob Zirkuslektionen, Kutsche fahren, Therapeutisches Reiten, ob als Beisteller oder Showpferd: Shetlandponys sind vielseitig einsetzbar und lieben abwechslungsreiche Arbeit. Da sie viel älter als ihre großen Kollegen werden können, nämlich zwischen 25 und 40 Jahre, ist so manches Kind schon seinem Shetlandpony entwachsen. Bedenken Sie also beim Kauf: Die Kinder wachsen im Gegensatz zum Shetty.

Mit 55 Jahren hält Shetland-Stute »Frieda« aus Ennepetal den Rekord als ältestes Shetlandpony der Welt. Das nennt man »seine Chance genutzt«, denn Frieda war eigentlich schon beim Schlachter und wurde dort glücklicherweise gerettet.

Frechdachs
Kleine Ohren, Kulleraugen, plüschiges Fell – Shetlandponys sind zuckersüß. Doch lassen Sie sich nicht täuschen – keiner kann so perfekt durch Zäune entwischen, Futter klauen oder Kinder in den Dreck setzen, wie unsere bezaubernden Minis.

87 Shire Horses

Der Gentle Giant unter den Kaltblutrassen

Sie sind für ihre Größe, Stärke und Sanftmut bekannt. Ursprünglich stammen sie aus England und wurden dort seit dem 17. Jahrhundert gezüchtet. Mit einer durchschnittlichen Wideristhöhe von 1,70 bis 2,10 Metern und einem Gewicht von bis zu 1,5 Tonnen sind sie die größte Pferderasse der Welt. Diese sanften Riesen wurden ursprünglich für landwirtschaftliche Arbeiten eingesetzt, wie das Ziehen von schweren Lasten und das Pflügen von Feldern. Ihre enorme Kraft und Ausdauer machten sie zu unverzichtbaren Helfern der Bauern.

Shire Horses haben einen kräftigen Körperbau mit breiter Brust, starken Beinen und einem muskulösen Rücken. Ihr Kopf ist groß und ausdrucksstark, mit freundlichen Augen und großen Ohren. Das Fell ist meistens schwarz oder braun, wobei häufig weiße Abzeichen an den Beinen und im Gesicht vorkommen. Besonders ausgeprägt ist der sogenannte Kötenbehang, den man bei vielen Kaltblütern sehen kann und der zum Schutz der Fesselbeuge vor Verletzungen und Feuchtigkeit dient. Mit Shire Horses sollte erst vierjährig gearbeitet werden, da sie aufgrund ihrer Größe ausreichend Zeit für ihre körperliche Entwicklung benötigen.

Trotz ihrer Größe sind Shire Horses erstaunlich sanftmütig und freundlich. Sie sind bekannt für ihren ruhigen Charakter und ihre Geduld, was sie zu idealen Freizeitpferden macht. Außerdem sind sie sehr intelligent und lernfähig und daher auch als Reit- und Fahrpferde geeignet. Aufgrund ihres imposanten Äußeren nutzt man sie auch gern für Shows und Messen.

Shire Horses sind dank ihrer Seltenheit und ihres kulturellen Erbes von großer Bedeutung. In England gibt es verschiedene Zuchtverbände und Organisationen, die sich für den Schutz und die Erhaltung dieser wunderbaren Rasse einsetzen. Es werden regelmäßig Shire Horse Shows und Veranstaltungen abgehalten, bei denen die Schönheit und Stärke dieser Pferde bewundert werden kann.

Rekorde

Das größte Shire Horse war der Wallach Sampson. Er erreichte ein Stockmaß von sage und schreibe 2,19 Metern und ein Gewicht von rund 1.500 Kilogramm.

88 Die Sinne des Pferdes

Sehen, Schmecken, Riechen, Tasten, Fühlen

Die Sinnesorgane des Pferdes sind perfekt darauf ausgerichtet, seine Umgebung wahrzunehmen und sich als Flucht- und Beutetier vor Feinden zu schützen. Der Sehsinn des Pferdes ist besonders gut entwickelt. Es kann Bewegungen und Formen aus großer Entfernung erkennen und hat ein breites Sichtfeld von etwa 350 Grad. Dadurch kann es potenzielle Gefahren frühzeitig erkennen und schnell reagieren. Es kann feine Nuancen und Kontraste erkennen, was ihm hilft, Hindernisse und Unebenheiten im Gelände zu erkennen.

Der Gehörsinn des Pferdes ist ebenfalls sehr ausgeprägt, daher können Pferde hohe Frequenzen wahrnehmen, die für den Menschen nicht hörbar sind, aber auch leise Geräusche wie das Rascheln von Blättern oder das Knacken von Ästen im Wald. Das Pferd kann seine Ohren unabhängig voneinander bewegen, um Geräusche aus verschiedenen Richtungen zu orten. Es kann sogar die Richtung und Entfernung von Geräuschen einschätzen.

Der Geruchssinn des Pferdes ist äußerst sensibel. Es kann verschiedene Gerüche unterscheiden und sogar einzelne Duftstoffe identifizieren. Pferde können beispielsweise den Geruch von Raubtieren oder anderen Pferden wittern und darauf reagieren. Die Vierbeiner nutzen ihren Geruchssinn auch, um Futter oder Wasser zu finden und sich in der Herde zu orientieren.

Der Tastsinn des Pferdes ist vor allem in den Lippen und der Nase besonders ausgeprägt. Es kann mit seinen Lippen und der Nase Gegenstände ertasten und so die Beschaffenheit und Temperatur erkennen. Die Tasthaare abzuschneiden ist deswegen aus Tierschutzgründen verboten. Der Geschmackssinn des Pferdes ist weniger ausgeprägt als bei anderen Säugetieren. Es kann jedoch süß, sauer, salzig und bitter unterscheiden. Pferde haben eine Vorliebe für süße und saftige Nahrungsmittel und meiden oft bittere oder saure Substanzen. Zusammenfassend kann man sagen, dass das Pferd optimale Sinne hat, um in der freien Natur zu überleben.

Die gesamte Haut
dient dem Pferd als Wahrnehmungssystem für taktile Reize. Durch artgerechte Haltung können wir diese immer wieder aktivieren und fördern.

89 Sitzschulung

An die Longe für mehr Harmonie im Sattel

Unabhängig von der Reitweise ist ein zügelunabhängiger Sitz absolut unabdingbar für eine feine Kommunikation zwischen Reiter und Pferd, aber auch für die Gesunderhaltung des Pferde- und des Reiterrückens. Das wussten schon die alten Lehrmeister, und deswegen müssen die »Lehrlinge in der Reitbahn« an der ältesten Hofreitschule in Wien auch heute noch zunächst mehrere Jahre lang an der Longe den korrekten Sitz erlernen und perfektionieren, und so dauert die Ausbildung dort bis zum Bereiter insgesamt acht bis zwölf Jahre.

Leider ist diese Form der reiterlichen Ausbildung in unserer schnelllebigen Zeit etwas in Vergessenheit geraten, denn früher wurden Reitanfänger, egal welchen Alters, in den meisten Reitschulen zunächst einmal so lange an die Longe genommen, bis sie den Bewegungen des Pferdes in allen drei Grundgangarten geschmeidig folgen konnten. Wer nicht lernt, im Sattel über den Sitz sein Gleichgewicht zu halten und auch bei dynamischen Bewegungsabläufen des Pferderückens mitzuschwingen, wird sich nicht nur immer wieder verspannen, sondern im Zweifel auch beim Verlust des Gleichgewichts reflexartig in die Zügel greifen, um sich daran festzuhalten und dadurch nicht nur dem Pferd unnötig Schmerzen zufügen, sondern auch die Kommunikation mit dem Tier empfindlich stören.

Die Basis für die Sitzschulung im Sattel beginnt jedoch vor dem Reiten. Wer vom Pferd eine gute Rückentätigkeit für geschmeidige Gänge und Lektionen erwartet, sollte auch immer wieder durch Ausgleichssport, Gymnastik oder Rückenschule an seiner eigenen Beweglichkeit, Balance und Koordination arbeiten. Und natürlich ist eine Sitzschulung nicht nur etwas für Reitanfänger, sondern hilft auch erfahrenen Reitern, an ihrer Losgelassenheit und damit auch an ihrer Hilfengebung zu feilen, denn schließlich sind die Gewichtshilfen über den Sitz das A und O für eine feine Kommunikation mit dem Pferd.

Reitsimulatoren
sind im Prinzip mit vielen Sensoren und Kameras ausgestattete elektronische Pferde (Sattelbereich, Kopf und Hals), die der Sitzanalyse, Sitzschulung und Überprüfung der Zügelverbindung dienen.

90 Die Skala der Ausbildung

Ein Leitfaden der klassischen Reitlehre

Die in den Richtlinien der FN fest verankerte Ausbildungsskala für junge Pferde bietet für viele Reiter immer noch eine wichtige Orientierung und wird bis heute beim Erwerb der höheren Reitabzeichen (siehe Kapitel 1) abgefragt. Abgeleitet vom Ausbildungsplan der Heeresdienstvorschrift (H.Dv.12), die Reiter und junge Pferde zügig fit machen sollte für den Einsatz in Kavallerieeinheiten und daher sehr praxisorientiert war, entwickelten sich die sechs Punkte Takt, Losgelassenheit, Anlehnung, Schwung, Geraderichtung und Versammlung in den 1950er Jahren als das Fundament der Pferdeausbildung in der klassischen Reitlehre. Bis heute wird die Ausbildungsskala in Form einer Pyramide dargestellt, deren Sockel Takt, Losgelassenheit und Anlehnung als Gewöhnungsphase für das junge Pferd unter dem Sattel darstellt, und die sich nach oben mit Schwung und Geraderichtung (Entwicklung der Schubkraft) immer weiter verjüngt, um dann in der Versammlung beziehungsweise der Tragkraft zu gipfeln.

Lange Zeit wurden daher diese Prinzipien in der Ausbildung junger Pferde häufig als lineare Abfolge unterrichtet, während sich inzwischen die Erfahrung durchgesetzt hat, wie sehr die einzelnen Punkte ineinandergreifen und welch große Rolle dabei auch moderne Erkenntnisse der Biomechanik spielen. Ein Pferd geradezurichten, also die natürliche Schiefe auszugleichen und so die Balance zu verbessern, fördert natürlich auch die Losgelassenheit und den Schwung. Ein Pferd, das durch die Einwirkung des Reiters keine konstante und weiche Anlehnung erhält, wird unter dem Sattel niemals seinen Takt finden. Mit diesem Verständnis und unter Berücksichtigung der individuellen körperlichen Entwicklung der jungen Pferde, kann die Ausbildungsskala eine systematische Gymnastizierung unterstützen und damit ein nützlicher Wegweiser hin zu harmonischem Reiten und der Gesunderhaltung der Pferde sein.

Die Ausbildungsskala des Reiters
bezieht sich in erster Linie auf eine umfassende Sitzschulung, mit der Balance und Losgelassenheit trainiert werden, um eine feine Einwirkung des Reiters in der Bewegung zu fördern.

91 Skelett und Muskulatur

Der Bewegungsapparat des Pferdes

Der Bewegungsapparat des Pferdes besteht aus Knochen, Muskeln, Sehnen und Bändern, die zusammenarbeiten, um den Pferdekörper zu stabilisieren und zu bewegen. Da die körperliche Entwicklung des Pferdes sehr lange dauert, ist der Bewegungsapparat erst mit etwa sieben Jahren vollständig entwickelt.

Die circa 250 Knochen des Pferdes sind stark, um das Gewicht des Tieres zu tragen und den Belastungen standzuhalten, die beim Laufen, Springen und Galoppieren auftreten. Sie bilden außerdem Körperhöhlen zum Schutz der lebensnotwendigen Organe. Der in der Fachsprache als aktiver Bewegungsapparat bezeichnete Teil des Pferdekörpers besteht aus etwa 500 Muskeln und ermöglicht Bewegung. Die Muskeln arbeiten in Paaren und Gruppen zusammen, sie beugen und strecken, stabilisieren und sorgen für eine gute Körperhaltung. Die Gelenke des Pferdes sind bewegliche Verbindungen zwischen den Knochen und werden durch Bänder vor einer Überbeweglichkeit geschützt. Damit die Gelenke lange gesund bleiben, sollte beim Training auf eine gründliche Aufwärmphase geachtet werden.

Überanstrengung, nicht artgerechte Haltung und unsachgemäße Ausrüstung können zu Problemen im Bewegungsapparat führen. Anzeichen von Schmerzen oder Unwohlsein sollten rechtzeitig erkannt werden und der Ursache auf den Grund gegangen werden. Hierbei können Physiotherapeuten, Tierärzte und andere Dienstleister wie zum Beispiel Sattler unterstützen.

Die Pflege des Bewegungsapparats des Pferdes umfasst eine ausgewogene Ernährung, regelmäßige Bewegung, angemessene Ruhephasen und eine gute Hufpflege. Eine regelmäßige Hufpflege etwa alle sechs Wochen ist besonders wichtig, da die Hufe des Pferdes das Körpergewicht tragen. In den unteren Beingelenken kommt es bei älteren Pferden häufig zu Arthrosen. Hier können zum Beispiel Ergänzungsfuttermittel gut helfen, damit sich das Pferd wieder schmerzfreier und flüssiger bewegt.

Der Bewegungsapparat
ist ein sehr komplexes Zusammenspiel aus verschiedenen Strukturen wie Knochen, Muskeln und Faszien. Seine Gesunderhaltung sollte unser oberstes Ziel sein.

92 Sonnenbrand

Wenn es der Haut zu viel wird

Sonnenbrand kann auftreten, wenn die Haut des Pferdes zu viel Sonnenlicht ausgesetzt ist. Pferde mit hellem Fell und empfindlicher Haut sind besonders anfällig für Sonnenbrand. Deswegen ist es wichtig, Pferde vor übermäßiger Sonneneinstrahlung zu schützen, insbesondere während der heißen Monate. Es gibt verschiedene Maßnahmen, die ergriffen werden können, um das Risiko von Sonnenbrand bei Pferden zu reduzieren.

Eine Möglichkeit, Pferde zu schützen, ist die Verwendung von Sonnenschutzmitteln. Es gibt spezielle Cremes und Sprays, die für Pferde entwickelt wurden und einen hohen Lichtschutzfaktor (LSF) aufweisen. Diese Produkte sollten auf die unbedeckten Hautpartien des Pferdes aufgetragen werden, insbesondere auf die Nüstern. Es ist wichtig, das Sonnenschutzmittel regelmäßig aufzutragen, insbesondere nach dem Schwitzen oder dem Kontakt mit Wasser.

Eine weitere Möglichkeit, Pferde vor Sonnenbrand zu schützen, ist die Bereitstellung von Schatten. Pferde sollten Zugang zu schattigen Bereichen haben, entweder durch Bäume oder durch künstliche Schutzvorrichtungen wie Sonnensegel oder Unterstände. Es ist wichtig, sicherzustellen, dass der Schatten ausreichend ist, und dass die Pferde genügend Platz haben, um sich darin zu bewegen. Außerdem sollte für alle Pferde einer Herde Platz sein.

Zusätzlich zu Sonnenschutzmittel und Schatten kann auch Schutzkleidung wie Fliegendecken oder UV-Schutzmasken verwendet werden, um die empfindliche Haut der Pferde vor Sonnenbrand zu bewahren. Diese Kleidungsstücke sollten leicht und atmungsaktiv sein, um Überhitzung zu vermeiden.

Es ist auch wichtig, die Sonnenexposition der Pferde zu begrenzen, insbesondere während der heißesten Stunden des Tages. Pferde sollten in den frühen Morgen- oder späten Abendstunden trainiert oder auf die Weide gelassen werden, wenn die Sonne weniger intensiv ist.

Schnelle Hilfe

Wenn ein Pferd Anzeichen von Sonnenbrand zeigt, wie gerötete oder geschwollene Haut, Blasenbildung oder Schmerzen, sollte sofort tierärztliche Hilfe in Anspruch genommen werden. Der Tierarzt kann geeignete Behandlungen empfehlen, wie zum Beispiel kühlende Salben, Schmerzmittel oder antibiotische Salben, um die Haut zu beruhigen und Infektionen zu verhindern.

93 Stutenmilch

Nicht nur bei Fohlen sehr beliebt

Wenn die aus getrockneter Vormilch bestehenden Harztropfen die beiden Zitzen des Stuteneuters verschließen, erblickt meist innerhalb der nächsten 48 Stunden das Fohlen das Licht der Welt. Fließen jedoch bereits vor der Geburt größere Mengen Milch ab, sollte diese unbedingt aufgefangen und eingefroren werden, um sie gegebenenfalls später dem neugeborenen Fohlen mit der Flasche füttern zu können. Zwei bis vier Wochen vor der Geburt sind nämlich besonders viele Antikörper aus der Blutbahn der Stute in ihr Euter gewandert. Weil Fohlen nach der Geburt noch kein eigenes Immunsystem und keine Darmflora besitzen, sind sie dringend auf diese Kolostrum oder Biestmilch genannte Nährstoffbombe angewiesen. Da der Immunglobulingehalt in der Stutenmilch schon nach wenigen Stunden abnimmt, sollten Fohlen diese »Schluckimpfung« unbedingt spätestens vier bis sechs Stunden nach der Geburt bekommen. Während der ersten Lebenswochen saufen Fohlen etwa 50 bis 60 mal täglich jeweils bis zu 200 Milliliter Stutenmilch, daher wird diese nach spätestens vier Wochen dünner und nimmt gleichzeitig an Menge zu. Dass laktierende Stuten drei Monate nach der Geburt etwa 18 Liter Milch pro Tag produzieren, macht sich auch die Stutenmilchindustrie zunutze.

In China galt Stutenmilch sogar schon vor 3.000 Jahren als »göttlicher Nektar« und diente vor allem asiatischen Reitervölkern lange Zeit als Nahrungs- und Heilmittel. 1858 eröffneten russische Mediziner das erste Stutenmilchsanatorium. Anhänger der Naturmedizin schwören bis heute auf die Heilwirkung von Stutenmilch bei allen möglichen Erkrankungen und Verletzungen, Allergien und Hautproblemen; zudem ist sie wichtiger Bestandteil einer Vielzahl von kosmetischen Produkten und Badeessenzen. Kein Wunder also, dass die Zahl der Stutenmilchgestüte allein in Deutschland von der ersten Gründung im Jahr 1959 inzwischen auf über 40 Betriebe angewachsen ist.

Stutenmilchgestüte
Da Stuten im Gegensatz zu Kühen nur Milch produzieren, solange die Fohlen bei Fuß sind, wird meist einen Monat nach der Geburt mit dem Melken begonnen, um in der gut fünf Monate dauernden Laktationsphase pro Tier etwa 450 Liter Milch zu gewinnen. Um ganzjährig Milch produzieren zu können, muss ein Teil der Stuten zudem – wider die Natur – im Herbst gebären.

94_Therapeutisches Reiten

Warum nicht immer ein Delfin notwendig ist

Reittherapie, Pferdgestützte Physio- oder Ergotherapie – es gibt viele unterschiedliche Begriffe für die Arbeit mit Pferden im therapeutischen Bereich. Da es für diese Zusatzqualifikationen keine einheitliche Ausbildung in Deutschland gibt, sollte man sich erkundigen, welche Qualifikation der Therapeut hat und welche Ziele mit der Therapie verfolgt werden. So liegt zum Beispiel der Schwerpunkt bei der Reitpädagogik überwiegend auf Kindern und Jugendlichen, die Training und Förderung ihrer sozialen Kompetenzen benötigen, während die Hippotherapie bei Menschen mit körperlichen Einschränkungen genutzt wird.

Mit Hilfe speziell ausgebildeter Pferde können hier nämlich die Schwingungen des Pferderückens und der Rhythmus gezielt genutzt werden, um physiologische Reaktionen beim Reiter zu erreichen. Das trainiert Haltung und Gleichgewicht und normalisiert die Muskelspannung, was besonders bei schlaffen (zu wenig Spannung) oder spastischen (zu viel Spannung) Patienten signifikante Verbesserungen erzielt. Ebenso werden motorische Fähigkeiten deutlich verbessert.

Die Patienten haben vorwiegend neurologische Symptome und Erkrankungen wie zum Beispiel MS, Spastik, Schädelhirntrauma und Querschnittslähmungen, es können aber auch orthopädische Fehlstellungen behandelt werden. Hierzu nutzen wir die dreidimensionalen Schwingungsimpulse des Pferdes in der Gangart Schritt, welche über seinen Rücken auf den menschlichen Körper übertragen werden.

Die Motivation bei der Hippotherapie ist sehr groß, da die Kinder und Erwachsenen nicht das Gefühl haben, zu einer Therapie zu gehen, sondern eine freundschaftliche Beziehung zum Partner Pferd aufbauen. Optimal ist es, wenn die Patienten einmal pro Woche kommen, um eine Verbesserung zu erreichen. Übernimmt die Krankenkasse die Stunden nicht, gibt es mit etwas Glück Fördervereine oder Stiftungen, die für die Kosten aufkommen.

Gemeinsame Sache

Das Team besteht immer aus einem ausgebildeten Therapiepferd, einem Hippotherapeuten (DKThR) und mindestens einem erfahrenen Assistenten (Pferdeführer).

95 Todesursachen

Woran sterben Pferde?

Die häufigsten Todesursachen bei Pferden reichen von altersbedingten Erkrankungen bis hin zu Unfällen. Hier sind einige Gründe, warum ein Pferd stirbt: An der Spitze der häufigsten Todesursachen bei Pferden steht ganz klar die Kolik (siehe Kapitel 56). Die Erkrankung tritt meistens spontan auf und ist immer ein medizinischer Notfall. Bei etwa zehn Prozent der Koliken ist eine Operation notwendig. Unfälle und Verletzungen können ebenfalls tödliche Folgen haben. Stürze, Zusammenstöße oder andere Unfälle, schwere Verletzungen wie Knochenbrüche oder innere Verletzungen können lebensbedrohlich sein.

Auch Herz-Kreislauf-Probleme können bei Pferden auftreten. Dazu gehören Erkrankungen wie Herzinsuffizienz, Herzklappenfehler oder Herzrhythmusstörung. Diese Erkrankungen können zu Atembeschwerden, Schwäche und letztendlich zum Tod führen.

Atemwegserkrankungen wie Equines Asthma kommen immer häufiger vor. Wenn sie nicht rechtzeitig erkannt und behandelt werden, kann schwere Atemnot entstehen, die ein Einschläfern des Pferdes notwendig macht. Pferde können auch an verschiedenen Infektionen erkranken, wie zum Beispiel am Equinen Herpesvirus oder Tetanus. Diese Krankheiten können zu schweren Komplikationen führen und unbehandelt tödlich sein.

Wie bei allen Lebewesen können auch Pferde im Alter an verschiedenen altersbedingten Erkrankungen leiden. Dazu gehören Arthrose, Zahnprobleme und andere Beschwerden. Diese Erkrankungen können die Lebensqualität des Pferdes sehr stark beeinträchtigen.

Es ist wichtig zu beachten, dass viele dieser Todesursachen vermieden oder zumindest reduziert werden können, indem man auf die Gesundheit des Pferdes achtet. Regelmäßige tierärztliche Untersuchungen, eine ausgewogene Ernährung, angemessene Bewegung und eine sichere Umgebung können dazu beitragen, das Risiko von Krankheiten und Verletzungen zu minimieren und so manchen Todesfall zu verhindern.

Eine Obduktion
wird in den seltensten Fällen angeordnet. Häufig ist die Todesursache bei Pferden bekannt.

96 Die Trächtigkeit

Ein langes Warten auf das Fohlen

Ist mit einer ersten Ultraschalluntersuchung nach etwa 16 Tagen die Trächtigkeit der Stute festgestellt worden und wurde mit einer weiteren Untersuchung um den 45. Tag herum bestätigt, dass die Frucht nicht resorbiert wurde, beginnt eine lange Wartezeit, denn Stuten sind in aller Regel elf Monate beziehungsweise 320 bis 355 Tage tragend. Ab dem 120. Tag lässt sich die Trächtigkeit durch einen Östrogennachweis im Urin feststellen und spätestens nach der Weidesaison sollte die Stute vom Tierarzt noch einmal rektal untersucht werden, um sicherzugehen, dass kein unbemerkter Abort stattgefunden hat.

Tatsächlich ist eine Trächtigkeit frühestens nach fünf Monaten von außen erkennbar, wenn sich der Bauch deutlich wölbt, weil die Gebärmutter unter die Baucheingeweide sinkt und das Fohlen mittlerweile über ein Kilo wiegt. Ab dem sechsten Monat lassen sich in der Regel die Bewegungen des Fohlens im Mutterleib gut erkennen. Ab dem achten Monat gilt die Stute schließlich als hochtragend. Das Fohlen wächst bis zum elften Monat auf seine eigentliche Größe heran, was bei Warmblütern etwa 100 Zentimeter bei einem Geburtsgewicht von etwa 45 bis 50 Kilo bedeutet. Bis zum zehnten Monat liegt das Fohlen in Rückenlage, dabei werden die Knochen härter, die Lunge reift aus, es bilden sich Fell, Mähne und Schweif, der vollständige Darmtrakt entwickelt sich, und es sammelt sich eine kleine Reserve in Form von Fett unter der Unterhaut an. Im letzten Monat dreht sich das Fohlen um die Längsachse, sodass sich die Vorderbeine im Geburtskanal befinden und der Kopf dazwischen ruht.

Bis zum siebten Monat sollten die Stuten ganz normal im Erhaltungsbedarf gefüttert werden. Wenn der Embryo ab dem achten Monat zügig zum späteren Wonneproppen heranreift, steigt der Nährstoff- und Futterbedarf des Muttertieres um das mindestens anderthalbfache und sollte auf mehrere kleine Portionen verteilt werden.

Spezielle Zuchtstutenfutter
tragen dem gesteigerten Bedarf an Eiweiß, Calcium und Phosphor und an Spurenelementen und Vitamin A ab dem achten Trächtigkeitsmonat Rechnung und unterstützen damit auch die Milchproduktion.

97 Der Transport

Mit Pferden und Pferdeanhänger unterwegs

Egal, ob zum Ausritt oder Urlaub, zum Training oder zum Turnier oder zur Fahrt in die Tierklinik – es gibt viele Gründe, sein Pferd transportieren zu wollen oder zu müssen, und meist fällt dabei die Wahl auf einen Pferdeanhänger. Dafür muss der Fahrer jedoch zunächst einen gültigen Führerschein besitzen (wer ab dem Jahr 2000 seinen Führerschein Klasse B gemacht hat, benötigt zusätzlich einen Anhängerführerschein der Klasse E) und sicherstellen, dass das Gesamtgewicht des Anhängers (Leergewicht plus Ladung) nicht über der Anhängelast des Zugfahrzeugs liegt. Geklärt werden sollte auch, ob der Pferdeanhänger über das Zugfahrzeug haftpflichtversichert ist oder einer eigenen Pferdeanhängerversicherung bedarf. Zur Absicherung des Wertes der transportierten Pferde lässt sich spätestens 24 Stunden vor Fahrtantritt eine einmalige Pferdetransportversicherung abschließen.

Nicht nur das Fahren mit einem Pferdeanhänger will geübt sein, sondern auch das sichere Verladen, damit sich die Pferde selbst in Stresssituationen – wie etwa auf dem Weg zur Klinik – ruhig und gelassen auf- und abladen und transportieren lassen. Das erfordert zum einen die richtige Ausrüstung (stabiles Halfter und Führstrick, Handschuhe und festes Schuhwerk, Transportgamaschen …) und einen geeigneten, nicht abschüssigen Verladeplatz, zum anderen viel Geduld und Ruhe und eine gute Vorbereitung, da ansonsten die potenzielle Verletzungsgefahr, nicht nur für die Tiere, sehr hoch ist. Am einfachsten ist es natürlich, die Pferde schon im Fohlenalter an den Anhänger, die entsprechenden Geräusche und an kurze Fahrten zu gewöhnen und dies über die Grundlagen der Bodenarbeit (siehe Kapitel 11) vorzubereiten. Wer darin ungeübt ist, sollte sich unbedingt bei einem entsprechenden Trainer Hilfe suchen und das Verladen so lange üben, bis es für Pferd und Mensch zur Routine wird oder andernfalls auf den Service eines professionellen Pferdespediteurs zurückgreifen.

Tiertransport-Befähigungsnachweis

Wer gewerblich Pferde transportiert oder als Tierhalter seine Nutztiere im Rahmen einer wirtschaftlichen Tätigkeit über 65 Kilometer weit transportiert, muss dafür einen entsprechenden Lehrgang zum Schutz der Tiere während des Transports absolvieren, um vom zuständigen Veterinäramt einen Tiertransportschein zu erhalten.

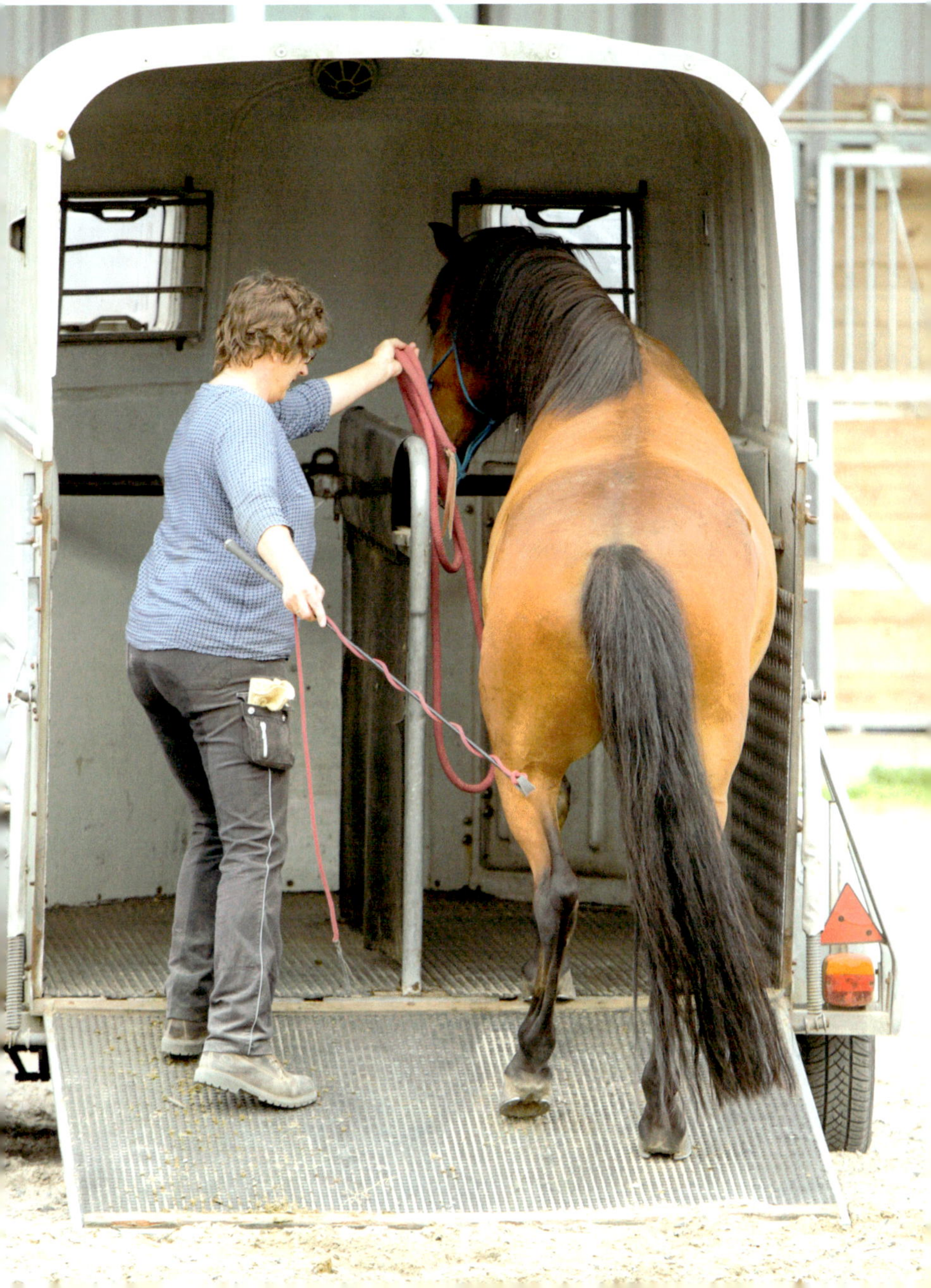

98 Verhaltensstörungen

Koppen, Weben und Co. als Hilferufe

Zeigen Pferde Verhaltensauffälligkeiten, legen sie ein problematisches Verhalten an den Tag oder haben sich gar stereotype Verhaltensstörungen wie Koppen, Weben, Boxenlaufen, Stangenwetzen, Leerkauen oder Scharren manifestiert, ist es an uns, diese Hilferufe zu erhören und die Ursachen zu beseitigen, die als mögliche Auslöser dafür in Frage kommen.

Verhaltensstörungen sind Krankheiten, daher bedarf es unbedingt einer klinischen Untersuchung, auch wenn die Hauptursachen meist in unsachgemäßer Haltung und Fütterung, chronischer Überforderung in der Ausbildung und im Training, Angst, Langeweile beziehungsweise Isolation oder Reizarmut, Stress oder falschem Umgang zu suchen sind.

Haben Pferde Schmerzen beim Reiten (ausgelöst etwa durch Magengeschwüre aufgrund von falscher Fütterung), werden sie versuchen, sich der Situation unterm Sattel zu entziehen oder vielleicht deswegen Gurtzwang entwickeln. Werden Pferde durch Boxenhaltung dauerhaft ihrem natürlichen Bedürfnis nach Bewegung beraubt, beginnen sie manchmal aus lauter Frust von einem Bein auf das andere zu treten oder mit den Schneidezähnen aufzusetzen und Luft in die Speiseröhre einzusaugen. Dieses Weben und Koppen wiederum verursacht strukturelle Veränderungen im Gehirn, die eine beruhigende Wirkung auf das Pferd haben, daher wird es in der Regel diese stereotypen Muster auch nach der Beseitigung der Haltungs- und Umgangsfehler nicht mehr gänzlich ablegen. Unerwünschte Angewohnheiten wie das Hufscharren, um Aufmerksamkeit zu bekommen, das Krippenwetzen zur Fütterungszeit oder Schweifschlagen und Leerkauen, um Stress abzubauen, lassen sich hingegen abstellen, wenn es gelingt, die Auslöser dafür zu verändern oder aufzuheben. Führt man sich vor Augen, dass Pferde nicht unter ihren »Macken«, sondern unter den Ursachen dafür leiden, lässt sich häufig schon das Entstehen dieser Verhaltensstörungen vermeiden.

Weitere Verhaltensstörungen
Auch körperliche Probleme können Verhaltensstörungen bedingen: Headshaking (Allergie, Ohrenentzündung, Blockaden in der Halswirbelsäule), Zungenspiel (Zahnprobleme, Verletzung in der Mundhöhle), Erde lecken und Holzkauen (Mangel an Mineralstoffen oder Spurenelementen) und häufiges Scheuen (eingeschränktes Sehvermögen).

99_Vielseitigkeit

Vom Triathlon für Pferd und Reiter

Wer im Turniersport eine Vielseitigkeitsprüfung reitet, muss mit seinem Pferd nicht nur eine Dressuraufgabe reiten und einen Springparcours absolvieren, sondern auch einen Geländeritt mit festen Sprüngen beziehungsweise Naturhindernissen innerhalb einer vorgegebenen Zeit meistern. Sie ist bereits seit 1912 olympische Disziplin, an der jedoch zunächst nur aktive Offiziere des Militärs teilnehmen durften, sodass sie in Deutschland bis zu Beginn des 20. Jahrhunderts »Military« genannt wurde.

Tatsächlich diente die Ausbildung bei der Kavallerie als Vorbild für diesen »vielseitigen« Turniersport, denn dort wurden einst die Pferde auf langen Geländestrecken und Hindernisrennen für ihren späteren Einsatz trainiert, während die jungen Offiziere dabei Sattelfestigkeit und reiterliche Hilfengebung erlernten.

Nicht zu Unrecht gilt die auch Eventing genannte Disziplin immer noch als härteste und anstrengendste Reitsportprüfung. Nach vielen schweren Unfällen bei den ursprünglich zwei 20 und 50 Kilometer langen Geländeritten und Rennstrecken, führte man bereits bei den Olympischen Spielen 1924 am 1. Tag eine Dressur-, am 2. Tag eine Ausdauer- und am 3. Tag eine Springprüfung ein und behielt diese Abfolge bis heute bei. Bei internationalen Turnieren gibt es vor der Dressur und nach dem bis zu fünf Kilometer langen Geländeritt eine Verfassungsprüfung, um erschöpfte, verletzte und überforderte Pferde vom Wettbewerb auszuschließen, da die Reiter alle drei Teilprüfungen mit demselben Pferd absolvieren müssen.

Wie bei allen Wettbewerben im Reitsport gibt es auch in der Vielseitigkeit verschiedene Schwierigkeitsgrade. Die Gesamtwertung erfolgt nach Fehlerpunkten, wobei in der auch Cross genannten Geländestrecke nicht nur Hindernisfehler, sondern auch gefährliches Reiten und Zeitüberschreitung mit Fehlerpunkten bestraft werden und Stürze zur sofortigen Disqualifikation führen.

Frauen in der Vielseitigkeit
Heutzutage kaum vorstellbar, durfte 1964 bei den Olympischen Spielen in Tokyo erstmals eine Frau starten. Lana DuPont gewann mit der US-Equipe damals Mannschaftssilber.

100 Voltigieren

Akrobatik auf dem Pferderücken

Der Name der Sportart wurde aus dem Französischen (voltige) übernommen, denn das ursprünglich lateinische Wort »Volte« lässt sich am ehesten mit rascher Kehrtwendung oder Umdrehen übersetzen. Vermutlich übte man sich bereits in der frühen Antike in akrobatischen Sprüngen und turnerischen Übungen auf dem Pferderücken. Spätestens die Römer und danach die Ritter und berittenen Soldaten probten nicht nur das schnelle Auf- und Abspringen, sondern auch kunstvolle Gewandtheitsübungen auf galoppierenden Pferden und führten diese auch bereits zur Unterhaltung des Volkes vor.

An den Adelshäusern der Renaissance und des Barockzeitalters wurde das Voltigieren nicht nur zur Kunstform erhoben, sondern auch als fester Bestandteil in die Ausbildung des Soldatennachwuchses integriert. Immer mehr entwickelte sich das Voltigieren zu einer eigenständigen Sportart, die man auch auf einem hölzernen Pferd trainierte. 1920 traten bei den Olympischen Spielen in Antwerpen einmalig Kavalleristen im »Kunstreiten« gegeneinander an; heute hofft man, dass sich das Voltigieren ab 2028 endlich als feste olympische Disziplin etabliert. Obwohl in Deutschland in den 1950er Jahren die ersten Regelwerke für den Voltigiersport entstanden, dauerte es bis zum ersten internationalen Turnier in Konstanz noch bis 1976.

Während das Pferd, ausgerüstet mit Voltigiergurt und -decke, an der Longe auf dem Zirkel galoppiert, werden in den Wettkampfdisziplinen Einzel-, Doppel und Gruppenvoltigieren von den Sportlern zur Musik akrobatische Höchstleistungen auf dem Pferderücken vollführt. Das sind unter anderem Auf- und Abschwünge, Überschläge und freies Stehen, die ein hohes Maß an Körperbeherrschung, Rhythmusgefühl und Kondition erfordern. Leistungsprüfungen bestehen meist aus einem Pflicht- und einem Kür-Teil, die mittlerweile sogar auf elektrisch betriebenen, galoppierenden Simulatoren trainiert werden.

Kinderreitschulen
nutzen häufig Voltigier-Übungen, um einerseits Gleichgewicht und motorische Fähigkeiten auf dem Pferd zu trainieren, andererseits aber auch den Gemeinschaftssinn und den vertrauensvollen Umgang mit dem Partner Pferd zu schulen.

101 Wanderreiten

Vom Reisen zu Pferd

Wer mit seinem Pferd in der Natur unterwegs sein will und sich auf das Abenteuer des Reisens im Ein-PS-Rhythmus einlassen möchte, sollte dafür gut gerüstet sein.

Als Vorbereitung dienen lange Ausritte in unterschiedlichem Gelände, um die Trittsicherheit, Gelassenheit und die Kondition der Pferde zu fördern und um das Vertrauen zwischen Pferd und Reiter zu vertiefen, indem man gemeinsam übt, Steilhänge, Gräben, Böschungen, das Überqueren von Wasserläufen, das Slalomreiten im dichten Wald, das Überwinden von Naturhindernissen und Brücken und das sichere Führen von Pferden zu meistern. Auch das Reiten in Gruppen und auf befahrenen Straßen sollte geübt werden, wobei es für Pferde eine Reihe von Sonderregeln im Straßenverkehr gibt, die es zu beachten gilt. Und nicht nur im Straßenverkehr sondern auch im Gelände sollten Wanderreiter sicher navigieren können und mit dem Lesen von topographischen Karten und dem Umgang mit GPS-Geräten vertraut sein, aber auch ein Gefühl für Tempo und Tagespensum entwickelt haben.

Die richtige Ausrüstung für Pferd und Reiter ist das A und O während des Rittes. Nichts darf scheuern, der Sattel sollte eine große Auflagefläche haben, damit sich Reiter- und Packgewicht gut verteilen lassen, die Satteltaschen müssen strapazierfähig, wetterfest und leicht sein (unbedingt eine Packliste machen!) und das Pferd nicht behindern, die Kleidung sollte bequem und funktional sein und Erste-Hilfe-Sets für Pferd und Reiter sind genauso Pflicht wie ein guter Hufschutz (und eventuell Notbeschlagswerkzeug).

Bevor man sich allein mit dem Pferd auf den Weg macht, kann man all dies bei geprüften Geländeritt- und Wanderrittführern, an der Deutschen Wanderreiter-Akademie und bei Wanderreitschulen erlernen und vertiefen und zunächst auf geführten Wanderritten und Lehrwanderritten erproben, bei denen häufig auch ein Gepäcktransport organisiert wird.

Verzeichnis der Wanderreitstationen
Wanderreitstationen bieten nach vorheriger Anmeldung Unterkunft und meist auch Verpflegung für Pferde und Reiter an. Unabdingbar für alle, die einen mehrtägigen Wanderritt planen.

102 Wasser

Trink doch einen mit

Eine ausreichende Wasseraufnahme ist für Pferde ausgesprochen wichtig. Sie haben einen empfindlichen Verdauungstrakt, der auf eine kontinuierliche Flüssigkeitszufuhr angewiesen ist, um eine ordnungsgemäße Verdauung zu gewährleisten. Wasser hilft bei der Zersetzung von Nahrungsmitteln, der Aufnahme von Nährstoffen und der Ausscheidung von Abfallstoffen. Ohne ausreichende Flüssigkeitszufuhr können Pferde anfällig für Verdauungsstörungen wie Koliken oder Verstopfung werden.

Wasser spielt auch eine wichtige Rolle bei der Regulierung der Körpertemperatur von Pferden. Pferde schwitzen, um sich abzukühlen. Das führt zu einem erheblichen Flüssigkeitsverlust, der durch die Wasseraufnahme ausgeglichen werden muss. Wenn Pferde nicht genug trinken, können sie dehydrieren.

Darüber hinaus ist Wasser für die allgemeine Gesundheit und das Wohlbefinden von Pferden unerlässlich. Es hilft bei der Aufrechterhaltung der richtigen Funktion von Organen und Geweben, der Produktion von Speichel und Magensäure, der Schmierung von Gelenken und der Aufrechterhaltung eines gesunden Haut- und Fellzustands. Wasser ist auch wichtig für das Immunsystem, da es hilft, Giftstoffe aus dem Körper zu spülen und das Immunsystem bei der Bekämpfung von Krankheiten unterstützt.

Die Menge an Wasser, die ein Pferd benötigt, hängt von verschiedenen Faktoren ab, wie zum Beispiel der Größe des Pferdes, der Umgebungstemperatur, der Aktivität und der Futterzusammensetzung.

Es ist ratsam, Pferden immer eine ausreichende Menge an Wasser zur Verfügung zu stellen und sicherzustellen, dass die Wassertröge regelmäßig gereinigt werden, um eine gute Wasserqualität zu gewährleisten. Hätten Sie das gewusst? Bis zu 40 Liter trinkt ein Pferd pro Tag. Im Winter helfen Teezusätze und Apfelsaft im Wasser, um das Pferd zum Trinken zu animieren. Als Saugtrinker bevorzugen Pferde zudem freie Gewässer.

Abkühlung
Gerade in warmen Ländern oder bei körperlicher Anstrengung steigt der tägliche Wasserbedarf.

103 Der letzte Weg

Wenn es Zeit ist, um Abschied zu nehmen

Allein der Gedanke an diesen Tag bereitet den meisten Tierbesitzern schon Bauchschmerzen: Seinen geliebten Vierbeiner gehen zu lassen, sei es aufgrund des Alters oder einer unheilbaren Krankheit, ist sicherlich die schwierigste Entscheidung.

Während vor 50 Jahren noch zahlreiche Pferdemetzger ihrem Handwerk nachgingen, gibt es heute kaum noch Pferde, die umgangssprachlich »zum Abdecker« gebracht werden. Bereits im Vorfeld müssen Sie als Besitzer nämlich im Equidenpass gemeinsam mit Ihrem Haustierarzt festlegen, ob Ihr Pferd ein Schlacht- oder Nichtschlachtpferd ist. Danach richten sich die zulässigen Medikamente, die zur Behandlung von Erkrankungen genutzt werden dürfen. Ein Schlachter betäubt das Pferd mit einem Bolzenschuss und lässt es dann ausbluten.

Die häufigste Todesart ist aber das Einschläfern, bei dem das Pferd über einen Venenzugang erst eine Narkose bekommt, dann eine tödliche Überdosierung des Schlafmittels. Das Tier empfindet dabei keine Schmerzen, sondern schläft sanft ein. In der Regel wird das Pferd anschließend von einer Tierkörperbeseitigungsfirma abgeholt und zu Mehlen und Fetten weiterverarbeitet. Die Kosten für die Abholung müssen anteilig vom Pferdebesitzer übernommen werden. Vielen Pferdebesitzern gefällt diese Vorstellung gar nicht, und sie entscheiden sich, ihr Pferd kremieren zu lassen. Die Einäscherung kann als Gemeinschafts- oder als Einzelkremierung stattfinden. Die Kosten für eine Einzelkremierung liegen bei etwa 3.000 Euro. Die Asche wird in einer Urne gesammelt und an den Pferdebesitzer zurückgegeben. Zum Service gehören ebenfalls die Abholung des Pferdes und die notwendige Bürokratie.

Manche Kunden wünschen sich auch eine kleine Abschiedszeremonie ähnlich der Beerdigung eines Menschen. Sie allein entscheiden, in welchem Rahmen Sie sich verabschieden möchten und was Ihnen wichtig ist, um loslassen zu können.

In guter Erinnerung
Es gibt viele Möglichkeiten, aus den Schweifhaaren oder den Hufeisen ein Schmuckstück anfertigen zu lassen, um ein Andenken an den geliebten Vierbeiner zu haben.

104 Westernreiten

Von Cowboys und Cowgirls

Westernreiten ist eine Reitdisziplin, die ihren Ursprung im »Wilden Westen« der USA hat. Es zeichnet sich durch eine lockere und entspannte Reitweise aus, bei der der Reiter in einem speziellen Westernsattel sitzt und die Zügel mit einer Hand hält. Das Westernreiten ist eng mit der Arbeit auf der Ranch verbunden und hat sich im Laufe der Zeit zu einer eigenständigen Reitweise entwickelt.

Im Westernreiten gibt es verschiedene Disziplinen, wie zum Beispiel Reining, Trail oder Western Pleasure. Bei der Reining werden verschiedene Manöver wie Spins, Rollbacks oder Sliding Stops gezeigt. Beim Trail müssen Pferd und Reiter verschiedene Hindernisse, wie zum Beispiel Brücken oder Torbögen, bewältigen. In der Western Pleasure geht es darum, das Pferd in einer entspannten und ruhigen Gangart zu präsentieren. Auch die Disziplin Cutting kommt aus der Arbeitsreitweise, wo Rinder entweder von einer Weide zur anderen getrieben oder auch einzelne Rinder von der Herde getrennt werden. (siehe Kapitel 81).

Ein weiteres Merkmal des Westernreitens ist die Verwendung von spezieller Ausrüstung. Neben dem Westernsattel gehören dazu auch der Westernzaum, der häufig mit sogenannten »Shanks« ausgestattet ist, sowie die typischen Westernsporen. Zum Westernreiten können verschiedene Pferderassen genutzt werden, die bekanntesten sind aber sicherlich das American Quarter Horse, das Paint Horse und der Appaloosa.

Das Westernreiten hat in den letzten Jahren auch in Europa immer mehr an Beliebtheit gewonnen. Es gibt zahlreiche Westernreitvereine und -turniere, bei denen sich Reiter und Pferde in den verschiedenen Disziplinen messen können. Die EWU ist der größte Westernreitsportverband in Deutschland und Europa und wurde bereits 1978 gegründet. Aber auch für Freizeitreiter bietet das Westernreiten eine tolle Möglichkeit, die Natur zu genießen und eine enge Verbindung zum Pferd aufzubauen.

John Wayne
brachte mit seinen zahlreichen Filmen den Western in die Wohnzimmer und diese lässige Reitweise in die deutschen Reitställe.

105 Wiegen und Messen

Widerristhöhe und Kleidergröße für Pferde

Das Messen und Wiegen von Pferden ist eine wichtige Praxis in der Pferdewelt. Es dient dazu, das Gewicht und die Größe eines Pferdes genau zu bestimmen, was für verschiedene Zwecke von Bedeutung ist. Das Gewicht ermittelt man in der Regel mit Hilfe einer Pferdewaage. Diese speziellen Waagen sind so konstruiert, dass das Pferd auf die am Boden liegende, flache Waage tritt, damit das Gewicht so exakt ermittelt werden kann. Es gibt verschiedene Dienstleister, die mit mobilen Pferdewaagen zum Stall kommen. Auch die meisten Pferdekliniken haben eine Waage vor Ort. Durch die exakte Bestimmung des Gewichts können Medikamente besser dosiert werden. So werden Unter- oder Überdosierungen vermieden.

Ein zu hohes oder zu niedriges Gewicht kann auf gesundheitliche Probleme hinweisen und sollte daher überwacht werden. Je nach Größe und Rasse gibt es Richtwerte, wie schwer ein Pferd sein sollte. Außerdem gibt es wie bei Menschen auch einen Body Condition Score (BCS), anhand dessen man den Ernährungszustand einordnen kann. Auch die Futterration hängt von Größe und Gewicht ab.

Um die Größe eines Pferdes zu bestimmen, misst man die Widerristhöhe am höchsten Punkt des Pferderückens, der zwischen den Schulterblättern liegt. Hier gibt es wie bei Hunden Standardwerte für verschiedene Rassen, von denen das Pferd, wenn es zum Beispiel zur Zucht eingesetzt werden soll, nicht zu sehr abweichen sollte.

Auch für den Verkauf und den Transport von Pferden ist es wichtig, die Werte zu ermitteln. Potenzielle Käufer möchten oft die Größe eines Pferdes kennen, um sicherzustellen, dass es ihren Anforderungen entspricht und zum Beispiel zur Körpergröße des Reiters passt. Beim Transport ist es wichtig, das Gewicht zu kennen, um zu klären, dass das Fahrzeug und der Anhänger das Pferd sicher transportieren können. Hierfür gibt es je nach Zugfahrzeug klare Begrenzungen.

Dicke Pferde
neigen zu verschiedenen Erkrankungen, das Equine Metabolische Syndrom ist das Bekannteste. Natürlich leiden auch Herzkreislaufsystem und die Gelenke unter zu viel Gewicht.

106 Wildpferde

Mustang, Brumby, Exmoor, Konik

Eine Herde wilder Pferde in der freien Natur. Sinnbild für Kraft, Freiheit und häufiges Postermotiv. Wildpferde spielen eine wichtige Rolle in vielen Ökosystemen. Sie tragen zur Verbreitung von Samen bei und helfen bei der Erhaltung der Biodiversität. Durch ihr Weideverhalten beeinflussen sie auch die Vegetation und schaffen Lebensräume für andere Tierarten (siehe Kapitel 9).

Leider sind Wildpferde heutzutage in den meisten Ländern bedroht. Die Zerstörung ihres Lebensraums durch menschliche Aktivitäten wie Landwirtschaft und Bergbau sowie die Jagd auf sie für Fleisch und Leder haben zu einem Rückgang der Populationen geführt. Einige Arten, wie das Przewalski-Pferd, waren sogar vom Aussterben bedroht, konnten aber durch gezielte Schutzmaßnahmen und Zuchtprogramme gerettet werden. Heute gibt es einige halbwilde Pferderassen, wie das Camargue-Pferd (siehe Kapitel 13) in Frankreich oder die Dülmener Pferde in Deutschland.

Die Dülmener Pferde leben in einem eingezäunten Bereich von etwa 33 Hektar im Merfelder Bruch und werden nur bei extremen Wetterbedingungen zugefüttert. Einmal im Jahr werden die Junghengste aus der Herde genommen, um Inzucht vorzubeugen. Diese Pferde werden versteigert und finden sich meistens im Freizeitreiterbereich wieder. Sie gelten als robuste, freundliche Kleinpferde und erinnern mit ihrer Farbe und dem Aalstrich noch deutlich an ihre Vorfahren. Da es keine natürlichen Feinde gibt, sterben die meisten Wildpferde hier an Altersschwäche oder verhungern aufgrund von Zahnproblemen.

Der Schutz der Wildpferde ist von großer Bedeutung, um ihre Bestände zu erhalten und die ökologische Balance in den Lebensräumen, in denen sie leben, aufrechtzuerhalten. Es gibt verschiedene Organisationen und Programme, die sich für den Schutz und die Erhaltung von Wildpferden einsetzen, indem sie Lebensräume schützen, Zuchtprogramme durchführen und Bewusstsein für ihre Bedeutung schaffen.

Einer der bekanntesten Forscher
ist Marc Lubetzki. Der deutsche Tierfilmer hat mit Wildpferden in verschiedensten Ländern zusammengelebt und konnte dabei nicht nur phantastische Bilder machen, sondern auch neue Erkenntnisse über das Zusammenleben von Wildpferden in der Herde erlangen, die er in seinen Fachbüchern publiziert hat.

107_Working Equitation

Reiten wie die Rinderhirten

Ursprünglich dafür gedacht, dass sich südeuropäische Rinderhirten in ihrem Können messen, deren Arbeitsreitweisen und Traditionen im Zuge zunehmender Modernisierung verloren zu gehen drohten, wurde vor gut 30 Jahren die Turnierdisziplin Working Equitation aus der Taufe gehoben. Das Ungewöhnliche daran ist, dass das gemeinsame Reglement zwar einen internationalen Wettkampf ermöglicht, gleichzeitig aber nationale Gepflogenheiten in puncto Pferderassen, Ausrüstung und Trachten beziehungsweise der Bekleidung der Reiter berücksichtigt und fördert.

Längst hat die Working Equitation auch Nationen erfasst, die sich zwar nicht auf diese Traditionen berufen können, aber fasziniert sind von dem sportlichen Mehrkampf, der aus den vier Teildisziplinen Dressur, Stiltrail, Speedtrail und Rinderarbeit (siehe Kapitel 81) besteht und so werden von der WAWE (World Association for Working Equitation) sogar Europa- und Weltmeisterschaften in dieser Reitsportart ausgetragen.

Um in den vier Disziplinen erfolgreich zu sein, ist weder die Pferderasse noch ein spektakuläres Gangwerk entscheidend, sondern dass Reiter und Pferde gut eingespielte Teams bilden und einander vertrauen, denn jeder Parcours ist anders und die Hindernisbauer legen häufig bei der Gestaltung von Tor, Brücke, Slalom oder Pferch viel Phantasie an den Tag, um Reiter und Pferde immer wieder vor neue Herausforderungen zu stellen. Die vom Schwierigkeitsgrad an unterschiedliche Leistungsklassen angepassten Hindernisse, die im Stil- oder Dressurtrail möglichst korrekt, elegant und gelassen und im Speedtrail zusätzlich auf Zeit absolviert werden müssen, sind – wie die Disziplin Rinderarbeit – angelehnt an die Anforderungen der Arbeit der Rinderhirten im freien Feld. Die Grundlage dafür bildet jedoch die Dressur, deren Aufgaben und Lektionen sich ebenfalls von der Einsteigerklasse (E) bis hin zur einhändig auf blanker Kandare gerittenen Masterklasse (S) langsam steigern.

Rinderarbeit

Ebenfalls an die Arbeit der Rinderhirten angelehnt, ist für diese separat gewertete Disziplin, in der es darum geht, ein Rind aus einer Herde zu separieren und über eine Linie oder in einen Coral zu treiben, nicht nur ein Rinderschein erforderlich, sondern sie wird auch erst ab Leistungsklasse L geritten.

108 Die Zähne

Damit sie morgen noch kraftvoll zubeißen können

Pferde haben im Laufe ihres Lebens zwei verschiedene Zahngebisse: das Milchgebiss und das bleibende Gebiss. Das Milchgebiss besteht aus 24 Zähnen, während das bleibende Gebiss aus insgesamt 36 bis 44 Zähnen besteht. Der Zahnwechsel sollte mit etwa vier bis fünf Jahren abgeschlossen sein.

Die Zähne des Pferdes wachsen etwa zwei bis fünf Millimeter pro Jahr. Ab dem siebten bis neunten Lebensjahr schieben sich die Backenzähne nach und nach aus dem Kiefer Richtung Maulhöhle und müssen daher regelmäßig abgenutzt werden. Dies geschieht durch das Kauen von Futter, insbesondere von grobfaserigem Raufutter wie Heu, Ästen oder Zweigen, wie es in der Natur vorgesehen ist. Zu weiches Futter begünstigt die Entstehung von Zahnproblemen ebenso wie zu kurze Fresszeiten.

Es ist wichtig, die Zähne des Pferdes regelmäßig zu kontrollieren und gegebenenfalls zu behandeln. Ein Zahnarzt für Pferde kann dabei helfen, eventuelle Probleme frühzeitig zu erkennen. Zu den häufigsten Zahnproblemen bei Pferden gehören Zahnfehlstellungen, Zahnspitzen, Haken durch ungleichmäßige Abnutzung und Verletzungen von Zähnen. Auch Karies kann durch zu zuckerreiche Fütterung entstehen. Während des Zahnwechsels und bei älteren Pferden sollte die Zahnkontrolle alle sechs, bei adulten und gesunden Pferden alle zwölf Monate stattfinden.

Eine immer häufiger auftretende Zahnerkrankung ist die Equine Odontoclastic Tooth Resorption and Hypercementosis (EOTRH), die meistens die Schneidezähne betrifft und die sehr schmerzhaft ist. Oft ist eine Entfernung der erkrankten Zähne notwendig. Für eine genauere Diagnostik ist meistens ein Röntgen der betroffenen Bereiche notwendig. Insgesamt sind die Zahnkontrollen des Pferdes ein wichtiger Bestandteil der Gesundheitsprophylaxe. Regelmäßige Kontrollen sowie eine artgerechte Ernährung sind daher unerlässlich, um die Zähne des Pferdes gesund zu erhalten.

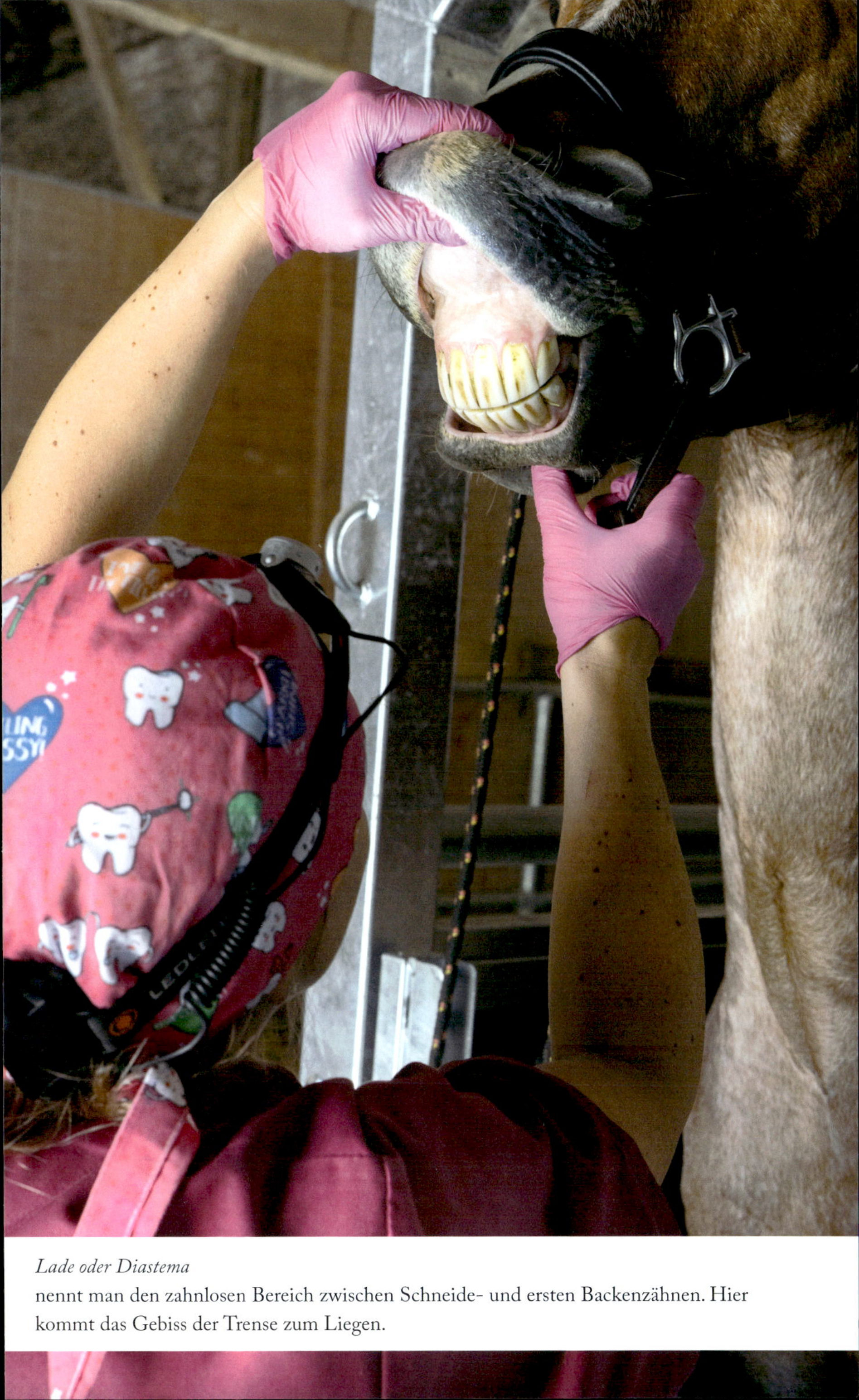

Lade oder Diastema
nennt man den zahnlosen Bereich zwischen Schneide- und ersten Backenzähnen. Hier kommt das Gebiss der Trense zum Liegen.

109 Zahlen, bitte

Versicherung, Stallmiete, Hufschmied

Die Kosten für ein Pferd sind stark von den eigenen Wünschen abhängig. Der Kaufpreis für ein Pferd kann von einigen hundert Euro bis zu mehreren zehntausend Euro reichen, abhängig von Faktoren wie Rasse, Alter, Ausbildung und Abstammung. Neben dem einmaligen Kaufpreis gibt es auch laufende Kosten, die bei der Haltung eines Pferdes anfallen. Dazu gehören Futter, tierärztliche Leistungen, Hufbeschlag, Versicherungskosten und Stallmiete.

Tierarztkosten können für Routineuntersuchungen, Impfungen und Entwurmungen anfallen, aber auch für unvorhergesehene Krankheiten oder Verletzungen. Die Kosten für den Hufschmied variieren je nachdem, ob das Pferd beschlagen werden muss oder ob es sogar einen teuren orthopädischen Beschlag benötigt. Die Stallmiete hängt von der Region, Ausstattung und dem Serviceangebot des gewählten Stalls ab. Auch Futterzusatzmittel oder Medikamente, die dauerhaft gegeben werden müssen, können einen großen monatlichen Posten ausmachen.

Die Ausgaben für Ausrüstung wie Sattel, Trense, Halfter und Decken fallen in der Regel anfangs einmalig an. Da dieses Zubehör Verschleiß unterliegt oder sich die Anforderungen an zum Beispiel den Sattel ändern können, ist es jedoch sinnvoll, hierfür regelmäßig Geld für den Ersatz anzusparen. Die Ausbildung und das Training des Pferdes können zusätzlich mehrere hundert Euro im Monat kosten, je nach Anspruch des Pferdebesitzers oder der Höhe der regional abhängigen Kosten der Dienstleister.

All diese Kosten können beträchtlich sein, weshalb die Anschaffung eines eigenen Pferdes gut überlegt sein sollte. So kann eine Reitbeteiligung anstelle eines eigenen Tieres unter Umständen eine besser kalkulierbare Alternative darstellen. Es ist wichtig, die finanziellen Aspekte der Pferdehaltung zu berücksichtigen, um sicherzustellen, dass man die Verantwortung für ein Pferd über viele Jahre übernehmen kann.

Nicht ganz billig
Ein eigenes Pferd zu besitzen, ist Luxus. Die monatlichen Kosten liegen schnell bei 1.000 Euro pro Pferd.

110 Zahlen und Fakten

Pferde als Wirtschaftsfaktor

Von den weltweit vermutlich etwa 60 Millionen Pferden wollten 2023 knapp 1,3 Millionen in Deutschland gefüttert, gepflegt, aufgestallt, ausgestattet und zum größten Teil auch geritten werden. Da verwundert es nicht, dass 2022 der Umsatz in der deutschen Pferdewirtschaft laut FN bei geschätzten 6,7 Milliarden Euro liegt (39 Prozent davon entfallen auf die Pferdehaltung, der Rest auf Einzelhandel und Dienstleistungen) und bei uns über 10.000 Firmen, Handwerksbetriebe und Dienstleister am Pferd als Geschäftsgegenstand verdienen. Europaweit setzt die Pferdebranche sogar geschätzt gut 100 Milliarden um, daher beschäftigt sich natürlich längst auch die Europäische Kommission mit dem Wirtschaftsfaktor Pferd.

Deutschland gilt als Pferdehochburg, denn laut Statistik teilten sich diese knapp 1,3 Millionen Pferde rund 890.000 Besitzer (über 14 Jahren) und sage und schreibe gut 2,3 Millionen Menschen, die sich hierzulande aktiv mit Pferden beschäftigen, die sie reiten, fahren, auf ihnen voltigieren und ihre Freizeit mit ihnen verbringen. Wenig verwunderlich sind es mehrheitlich Frauen und Mädchen (über 75 Prozent), die sich sportlich und freizeitmäßig mit Pferden betätigen.

Dass Reiten nicht nur eines der beliebtesten, sondern auch eines der teuersten Hobbys ist, haben längst auch die sogenannten Equestrian-Influencer entdeckt, deren Zahl stetig zunimmt und die es auf ihren Instagram- oder YouTube-Kanälen zum Teil locker auf mehrere 100.000 Follower beziehungsweise Abonnenten bringen, auch wenn sie häufig nur Bilder und Beiträge von coolen Pferde-Outfits, teurer Reiter-Mode und den Must-haves der Pferdewelt posten und dafür Kooperationsverträge mit namhaften Reitsportherstellern eingehen. Und so vermeldet die FN auch, dass 2022 der durchschnittliche Auktionspreis der 756 versteigerten Reitpferde auf den Zuchtverbandsauktionen immerhin 28.735 Euro betrug.

Fun Fact
Als teuerstes Pferd der Welt gilt bis heute der im Jahr 2000 für den Rekordpreis von 70 Millionen Dollar an einen irischen Züchter verkaufte Vollblüter Fusaichi Pegasus, der zuvor über 70 Galopprennen gewonnen hatte. Dagegen war der angeblich für 10 Millionen Euro an Paul Schockemöhle verkaufte Totilas geradezu ein Schnäppchen.

111_Zuchtschauen

Wenn die rassigsten Typen gefragt sind

Grundsätzlich werden auf Zuchtschauen sowohl Fohlen als auch erwachsene Zuchtpferde einer aus Zuchtrichtern bestehenden Kommission zur Beurteilung des Exterieurs, des Rassetyps und meist auch der Bewegung vorgestellt. Durchgeführt werden sie in der Regel von Zuchtverbänden und können entsprechend der Rasse durchaus unterschiedliche Anforderungen an die Pferde und deren Präsentation stellen.

Um etwa deutsche Warmblutstuten bei ihrem jeweiligen Rassezuchtverband als Zuchtstute eintragen zu lassen, müssen sie im Alter von drei bis vier Jahren (oder 5-jährig und älter mit Fohlen bei Fuß) auf einer Zuchtschau vorgestellt werden. Genauer gesagt werden sie dort im Stand gemustert und müssen auf einer Dreiecksbahn an der Hand im Schritt und Trab vorgestellt werden. Insgesamt werden sechs Noten für Rasse- und Geschlechtstyp, Gebäude, Korrektheit und Qualität des Ganges und für den Gesamteindruck vergeben. Die besten Stuten erhalten das Prädikat Prämienstute und werden für die Eliteschauen ausgewählt. Auch der Nachwuchs wird von Züchtern gern so früh wie möglich auf Zuchtschauen präsentiert, zumal man ihn auf Fohlenschauen meist auch direkt beim Zuchtverband registrieren kann. Da die Fohlen ebenfalls im Stand gemustert werden, sollten sie bereits halfterführig sein. Auf der Dreiecksbahn dürfen sie dann frei neben der Mutter herlaufen, damit ihr Gangpotenzial und die Taktreinheit bewertet werden können. Für gute Noten gibt es eine Fohlenprämie (die im Equidenpass eingetragen wird), und für die Crème de la Crème geht's dann, genau wie für Elitestuten, weiter zum Deutschen Fohlen- & Elitestutenchampionat.

Für den Titel Staatsprämienstute, der als Fördermaßnahme, um herausragende Stuten in der Zucht zu erhalten, von der jeweiligen Landesregierung vergeben wird, steht für Deutsche Warmblutstuten zusätzlich eine Stutenleistungsprüfung an, bei der auch die Rittigkeit bewertet wird.

Zuchtschauen für Sonderrassen

Bei einigen Pferderassen, deren Zuchtbuch im Ausland geführt wird – zum Beispiel obliegt die Zuchtbuchführung für P. R. E's (Pura Raza Espanola) dem spanischen Zuchtverband ANCCE –, werden die Pferde auf Zuchtschauen von Richtern bewertet, die vom Mutterverband gesandt wurden.

Theo Pagel, Brian Batstone
111 Dinge über Elefanten, die man wissen muss
ISBN 978-3-7408-0349-0

Maria Teresa Carbone
111 Hunde, die man kennen muss
ISBN 978-3-7408-0477-0

Elke Pistor
111 Katzen, die man kennen muss
ISBN 978-3-95451-830-2

Annett Klingner,
Pascal Klunder, Katja Erdmann
111 Dinge über Katzen, die man wissen muss
ISBN 978-3-7408-1204-1

›ie Welt durch Pferdeohren

ıternationale Reiterreisen mit Pegasus

Natur pur in der Mongolei

ɜit über 50 Jahren bietet der ɔezialreiseveranstalter Pegasus eiterreisen für Erwachsene und ımilien auf der ganzen Welt an. ei rund 400 Programmen welt- 'eit ist für jeden Geschmack und ·des Reitlevel das Richtige dabei: nsteiger lernen auf sicheren Pfer- en das Reiten in freier Natur, Fort- eschrittene haben die Wahl zwischen Ausbildung, Wildnisrit- ɜn, Working Ranches oder Reitsafaris. In kleinen Gruppen die /elt auf dem Pferderücken zu entdecken ist ein besonderes 'lebnis, bei dem man nicht nur in die Natur eintaucht, sondern uch Einblicke in fremde Kulturen erhält wie kaum ein anderer ɔurist. Einmal in einer mongolischen Jurte zu übernachten, auf inem Vollblutaraber durch die Wüste zu galoppieren, mit den ·auchos durch die Pampa zu reiten oder zu Pferd Giraffen und efanten aufzuspüren - das sind Erlebnisse fürs Leben!

op: Das Kundenmagazin „Die Welt durch Pferdeohren" mit ɔannenden Reiseberichten und Infos aus erster Hand kann ratis über die Homepage oder telefonisch bestellt werden.

›ie Atlantikküste Frankreichs - ein Reitertraum

Monika Mansour
111 Pferde, die man kennen muss
ISBN 978-3-7408-0444-2

Holger Grumt Suárez,
Rolando Grumt Suárez
111 Insekten, die täglich unsere Welt retten
ISBN 978-3-7408-0628-6

Rudolf Jagusch,
Susanne Jagusch
111 Dinge über Schweine, die man wissen muss
ISBN 978-3-7408-0990-4

Walter M. Weiss,
Ulrich Wernery
111 Dinge über Kamele, die man wissen muss
ISBN 978-3-7408-1206-5

Theo B. Pagel, Christoph Schütt
111 Geschichten aus dem Kölner Zoo, die man kennen muss
ISBN 978-3-7408-0853-2

Holger Grumt Suárez,
Rolando Grumt Suárez
111 Dinge über Affen, die man wissen muss
ISBN 978-3-7408-1214-0

Franziska Weyer,
Nicole Lützenkirchen
111 Dinge über Hunde, die man wissen muss
ISBN 978-3-7408-1711-4

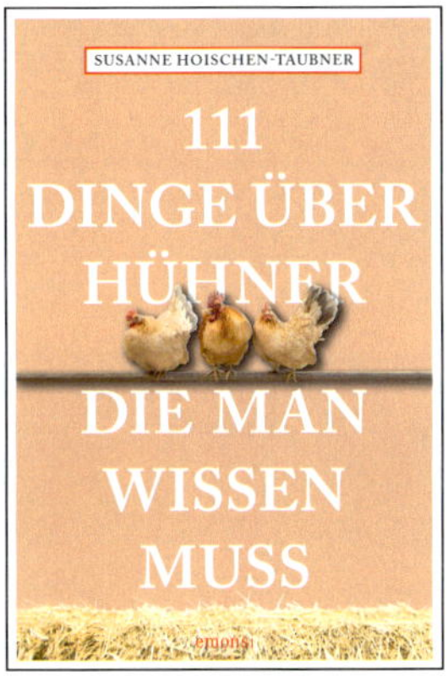

Susanne Hoischen-Taubner
111 Dinge über Hühner, die man wissen muss
ISBN 978-3-7408-1977-4

Marisa Becker, Peter Becker
111 ungenutzte Pflanzen, die man gegessen haben muss
ISBN 978-3-7408-1200-3

Gisela Hopfmüller, Franz Hlavac
111 Ideen für einen besonderen Garten
ISBN 978-3-7408-1382-6

Anjana Gill
111 Impulse für ein glückliches Leben
ISBN 978-3-7408-1747-3

Tatiana Morlock
111 Alltagsabenteuer, die glücklich machen
240 Seiten
ISBN 978-3-7408-1383-3

Fotonachweis

© der Fotografien: Katrin Obst und Franziska Weyer, außer: Kapitel 2: Herbert Oppelt; Kapitel 3, 4, 5, 10, 18, 19, 20, 21, 26, 27, 28 29, 30, 34, 35, 38, 41, 43, 44, 49, 54, 55, 56, 59, 60, 62, 64, 65, 66, 68, 71, 72, 73, 75, 76, 77, 79, 80, 84, 86, 87, 88, 91, 95, 102, 103, 105, 106, 108, 109: Sandra Reitenbach; Kapitel 7, 25, 37, 45, 53, 67: Pamela Schmidt; Kapitel 13, 15, 16, 40, 50, 57, 58, 81, 100: Ulrike Schaeben; Kapitel 14: Frank Stratmann; Kapitel 24, 93, 96, 110: Ursula Heinelt; Kapitel 31: Katharina Schulz; Kapitel 42: Frank Weyer; Kapitel 63, 78: Susanne Göhre; Kapitel 83, 85: Sattlerei Sommer, Jonas Melzer; Kapitel 92: Sasha Halm; Kapitel 104: Oliver Goldacker; Kapitel 107: Kerstin Bernhardt

Danksagung von Franziska Weyer

Zuallererst möchte ich natürlich all den Pferdebesitzer*innen und Reiter*innen danken, die ich mit ihren Pferden oder deren Pferde ich fotografieren durfte, um dieses Buch lebendig werden zu lassen. Darüber hinaus danke ich all meinen Freunden und Freundinnen, die sich viel Zeit genommen haben, um mit mir passende Bilder zu einzelnen Texten zu realisieren. Vor allem aber gebührt mein Dank den Fotografen*innen, die mir tolle Fotos zur Verfügung gestellt haben, ohne die das Buch nur halb so schön geworden wäre: Susanne Göhre (u. a. das Coverfoto), Ulrike Schaeben, Kerstin Bernhardt, Katharina Schulz, Pamela Schmidt, Ursula Heinelt, Frank Weyer, Herbert Oppelt und Sandra Reitenbach.

Katrin Obst danke ich für die gemeinsame, sehr bereichernde Arbeit an diesem Buch, meiner Tierärztin Myriam Miesen für unermüdlichen Rat und Tat, meiner Mutter für das gewissenhafte Korrekturlesen und dem wunderbaren 111er Team vom Emons-Verlag – insbesondere natürlich Franziska Emons, Sonja Erdmann und Ines Schmidtke, aber auch Britta Schmitz und all den anderen – für das Vertrauen, ein weiteres Buch in dieser tollen Reihe schreiben zu dürfen.

Und last but not least gebührt mein innigster Dank wie immer dem weltbesten Ehemann, ohne den es unsere Pferdezucht nicht gäbe und der nicht nur meinen Traum vom Leben mit Pferden und Hunden realisiert hat, sondern mir immer den Rücken frei hält und mich bei der Entstehung dieses Buches wieder großartig unterstützt hat.

Danksagung von Katrin Obst

Wie immer haben hinter den Kulissen einige fleißige Wichtel geholfen, damit dieses Buch fertig geworden ist.

Sandra Reitenbach, danke für deinen unermüdlichen Einsatz und die vielen tollen Bilder. Durch das Buch ist mir wieder einmal bewusst geworden, wie viele tolle Shootings und Projekte wir schon gemeinsam gestemmt haben, und ich danke dir nicht nur für deine Bilder, sondern ganz besonders für deine Freundschaft.

Danke, Franziska, für dein Vertrauen in ein gemeinsames Buch, die schönen Abende und gefühlte 200 WhatsApp-Nachrichten.
Danke für die Bilder von: Frank Stratmann, Oliver Goldacker, Sasha Halm und der Sattlerei Sommer/Jonas Melzer.
Danke an die Zweibeiner auf den Bildern: Constanze Röhm, Dr. Nina Rödig, Henry, Jana Faubel, Janina Droszella, Maike Morbach, Ralf Reitenbach, Rike Lorenz und Yvonne Winkler.
Danke für die fachliche Beratung: Anika Honnen, Holger Suel, Rike Lorenz und Tina Dresia.
Danke fürs Texte lesen, Rechtschreibfehler suchen und die Kommata: Tina Dresia.
Und zu guter Letzt: Danke an alle Vierbeiner in diesem Buch, besonders Sam und den Knuffels.

Franziska Weyer ist gelernte Buchhändlerin, Literaturübersetzerin und passionierte Züchterin Spanischer Pferde. Von klein auf mit dem Pferdevirus infiziert, begleiten sie eigene Pferde seit dem 13. Lebensjahr.

Katrin Obst wurde durch verschiedene TV-Formate (Die Pferdeprofis, hundkatzemaus) überregional bekannt und hält auf Fachmessen Vorträge im Bereich Gesunderhaltung und Training. In ihrer Reha-Praxis hilft sie Pferden bei Rückenschmerzen, nach Operationen und Verletzungen.